초보 할머니 자습서

Grand-mère débutante

초보 할머니 자습서

Grand-mère débutante

프랑스 할머니가 전하는 알찬 정보들

카롤린 코티노 | 문소영 옮김

muintree
뮤진트리

차례

머리말 008

1장 예고편

01 : 할머니에게 날아드는 소식 015

02 : 초보 할머니는 어떤 모습일까? 019

2장 새로운 세계

01 : 가족 내의 변화 025

02 : 새로운 할아버지 할머니 026

03 : 일상생활 029

3장 불가능한 일을 할 수는 없는 법

01 : 모험이 시작될 때 스스로를 압박하지 마세요! 039

02 : 안심하세요, 완벽한 할머니는 존재하지 않으니까요 042

4장 친할머니와 외할머니의 입장 차이

01 : 친할머니의 경우   057

02 : 외할머니의 경우   060

03 : 그럼 할아버지는?   061

5장 285일간의 여행

01 : 먼지 쌓인 추억 꺼내보기   069

02 : 임신의 세계로 한 발씩 들어가기   071

03 : 출산을 위한 선택   074

04 : 임산부가 아파요!   077

05 : 아기 이름 짓기   084

06 : 첫 아기용품 쇼핑   088

07 : 하루하루 다가오는 만남의 순간   093

6장 첫 만남은 종종 밤에 찾아옵니다!

01 : 출발!   103

02 : 아기와의 첫 만남   105

7장 **3개월, 초보 할머니로서의 첫걸음!**

01 : 퇴원, 가족 모두에게 엄습해오는 공포! 121

02 : 폭풍이 지나간 후의 평온함 128

03 : 당신은 어떤 할머니가 될까요? 걸스카우트 단장?

소방관? 구세주? 요정? 130

8장 **3개월이 지나고 이제는 진짜 할머니!**

01 : 할머니한테 웃어보렴! 141

02 : 그럼 아기는 누가 보나요? 144

03 : 3개월 후, 초보지만 아는 것이 무척 많아진 할머니 152

9장 **벌써 1년!**
명확해지고 섬세해지는 할머니의 역할

01 : 첫돌, 말문 트이기, 인생으로의 첫걸음마! 163

02 : 더이상 초보가 아닌 할머니 170

10장 아기야, 잘 가 / 안녕, 어린이!

01: 훈육은 No! 지원은 Yes! 179

02: 요술 할머니, 바로 지금이에요! 181

03: 오감의 발달 187

04: 괴짜 할머니 195

05: 할머니, 옛날이야기 해주세요! 202

11장 크고 작은 불협화음

01: 잡역부 할머니 211

02: 낙담한 할머니 215

03: 할머니 vs 할머니 217

04: 근심 많은 할머니 221

05: 벌써 어린이집에 가다니! 손수건을 꺼냅시다 237

06: 사랑을 공유하는 일의 어려움 241

맺는말 247

드디어 당신 차례가 되었네요!

갑자기 머리 위로 분홍색 또는 하늘색 별비가 쏟아져내립니다. 사랑으로 넘쳐나는 그 비는 당신을 흠뻑 적시고, 따사로운 기운을 가슴속까지 퍼뜨립니다. 사실 당신은 줄곧 이 비를 기다리고 있었지요. 모든 일에 때가 있는 것처럼, 제대로 가정을 꾸려온 여자라면 살면서 언젠가는 할머니가 되기를 꿈꾸게 마련이니까요. 생체시계에 변화가 생기는 것도 있지만, 꼭 그런 이유만은 아닙니다. 바보 같던 아들 녀석들이 남자가 되고 삐쩍 마른 딸내미들이 여자가 되고 나면, 아주 심각한 상황이 아니고는 더이상 먹고 입고 병치레하는 일에 당신을 필요로 하지 않습니다. 분주한 하루하루를 보내고 있고, 멋진 남자가 곁에서 낮과 밤을 함께 해주고, 가족들이 변함없이 당신을 아껴주어도, 언제부터인가 마음 한구석에 허전함이 느껴집니다. 공허함이라고까지 말할 수는 없지만, 귀여운 아기가 있다면 채워질 것 같은 그런 허전함 말입니다. 친구들도 할머니가 되니 정말이지 근사하고 특별한 느낌이 든다고, 더 젊어지는 것 같고 얼마나 살맛나는지 모른다고 귀가 따갑도록 떠들어댑니다. 이런 말들이 슬슬 귀에 거슬리기 시작합니다. 그러게요, 당신 자식들은 뭐가 그리 바빠서 출산 문제에 그토록 미적대는 걸까요?

그러다가 마침내 당신 차례가 되고, 당신은 그 새로운 존재에게 푹 빠질 준비를 하게 됩니다. 당신이 상상하는 그대로, 행복에 겨워 말도 제대로 못하고 전율하게 만드는 그런 존재

말이죠. 그래요, 할머니가 된다는 건 그런 것입니다. 하지만 그게 전부는 아닐뿐더러, 겉으로 보이는 것처럼 그리 녹록한 일도 아니랍니다. 당신의 역할은 앞으로 태어날 아이에게 매우 중요하지만, 21세기의 할머니 역할은 과거의 할머니 역할과 많이 달라졌고 당신은 그 사실을 반드시 염두에 두어야 합니다. 요즘 젊은 부모들은 당신이 젊었을 때의 부모들과는 다르고, 아이들도 점점 더 조숙해지고 있어요. 교육, 놀이, 사회생활에서도 근본적으로 달라진 세상에 적응해야 하죠. 잔소리만 해대는 늙은이 취급을 받고 싶지 않다면 말이에요. 어머, 늙은이라니, 죄송해요! 당신은 아직 젊고 요즘 대부분의 할머니들이 그렇듯 원기왕성하니 얼마나 다행인가요. 앞으로 태어날 보석 같은 손주 녀석과 행군을 시작해야 하니, 참으로 다행스러운 일이죠!

이 책은 21세기의 할머니 역할에 필요한 실용적인 정보뿐 아니라, 당신이 손주, 그것도 첫손주의 인생과 마음속에 제대로 자리잡기를 바랄 때 알아두면 유익한 정보들을 제공해드리니 부디 열심히 읽으시기 바랍니다!

말로 표현할 수 없는 큰 행복감을 느끼게 될 초보 할머니가 내딛는 첫걸음에 행운이 함께하길 바랍니다!

1장

예고편

"이제 곧 할머니"

어제까지만 해도 당신은 올여름의 휴가 계획을 세운다 거나, 부엌에 페인트칠을 새로 한다거나, 오늘 저녁 메 뉴를 생각하는 것 외에는 별다른 고민거리 없이 홀가분 한 마음과 가벼운 발걸음으로 돌아다녔을 겁니다. 하지 만 그건 어제의 상황이고, 얼마 전 결혼한 딸이나 아들 의 집으로 저녁 초대를 받기 전의 일이었죠….

01

할머니에게 날아든 소식

주중에 자녀가 자기 집으로 저녁 초대를 했다고요? 수상하네요. 사돈 내외도 오신다는 걸 보니 가벼운 저녁식사 자리는 아니라는 게 더 수상하죠. 집 안으로 들어서니 달콤한 파티 분위기가 느껴지고, 노르웨이식 오믈렛과 샴페인이 테이블에 놓여 있습니다. 이쯤 되면 당신의 짐작은 확신으로 변합니다. 폴과 아멜리가 자리에서 일어나 손을 맞잡고 손님들의 이목을 집중시키고는, 기쁨과 장난기가 섞인 눈빛으로 곧 아기가 태어날 거라고 발표합니다. 그렇게 당신은 인생에서 처음으로 할머니가 됩니다!

딸이나 며느리의 임신 소식을 들으면 한 대 얻어맞은 것처럼 머리가 멍해진답니다. 여자라면 누구도 아니라고 말하지는 못하겠죠. 이 충격의 90퍼센트는 행복감이지만, 나머지 10퍼센트에는 만감이 뒤섞여 있죠…. 내가 할머니가 된다고? 벌써? 이 나이에? 임신이 확실한 거니? 예정일은 언제인데? 아무리 그래도 좀 이른 거 아닌가?

하지만 당신은 곧 이런 마음을 접고 기쁨을 마음껏 표출합니다. 모두가 건배를 하고, 서로 얼싸안고, '그' 이야기만 합니다. 솔직히 말해서 이제부터 '그것'보다 더 중요한 건 없으니까요. 밤늦게까지 파티가 이어지고 감동에 겨워하는 사이, 당신의 머릿속에는 이런저런 생각들이 계속 교차합니다. 그리고 다음날 아침이 되면 할머니가 된다는 사실이 말할 수 없이 행복하지만, 앞으로의 일을 생각하면 두려워지는 건 어쩔 수 없습니다. 이제는 꼼짝없이 인생의 후반기로 접어들었다는 기분 때문이죠. 당신은 여전히 적극적이고 활동적이고 공사다망한 여성이고 그런 생활에 편안함을 느끼고 있지만, 이제는 초보 할머니라는 낯선 세상으로 옮겨가게 되리라는 걸 실감합니다. 생글거리는 미소, 젖니, 옹알이, 깨물어주고 싶을 만큼 앙증맞은 발을 볼 수 있는 세상, 다른 한편으로는 손자나 손녀의 성장에 세심한 주의를 기울여야 하는 새로운 책임과 걱정거리가 생겨나는 세상, 세계 5대 불가사의라 해도 과언이 아닌 그런 세상으로 말입니다!

서프라이즈 발표!

자녀가 당신을 저녁식사에 초대해서 기쁜 소식을 알려왔지만,

문자 메시지나 이메일로 이런 메시지를 보내올 수도 있겠지요.

'엄마, 중요한 얘기가 있으니까 전화 주세요!'

또는

'뜨개질 다시 시작하셔야겠어요, 곧 할머니가 되실 테니까요!'

또는

'7개월만 기다리면… 서프라이즈!'

더 익살스러운 자녀라면 수수께끼나 스무고개 같은 걸 할 수도 있을 겁니다.

최악의 경우라면 3개월이 될 때까지 아무 말 하지 않다가 첫 초음파 검사를 받은 뒤에야 소식을 알리겠지만, 최선의 경우라면 당신에게 이 책을 선물하면서 분위기를 조성하는 뛰어난 센스를 발휘할 겁니다. 책을 선물할 때 예쁜 글을 남길 수 있도록 다음 페이지에 공간을 마련해놓았답니다.

To

02:

초보 할머니는 어떤 모습일까?

두말할 것 없이 바로 당신의 모습이고 아직 젊고 여전히 활기 넘치는 모든 여성들의 모습이죠. 당신의 경우처럼 당신의 친구, 동료, 단골 미용실의 헤어 디자이너도 어느 화창한 날 아침에 눈을 떠보니 할머니들에게 주어지는 분홍색이나 파란색 월계관이 머리에 씌워져 있는 것을 깨닫게 된답니다.

대부분의 사람들은 최고의 행복감을 느끼고, 어떤 사람들은 두려움을 느끼게 되는 이런 상황에서는 자신의 역할을 상대화할 필요가 있으며, 과도한 기쁨만큼이나 스스로에게 지나치게 막중한 역할을 부여할 필요는 없습니다. 오늘날, 그러니까 21세기에 할머니가 된다는 것은 당신이 과거에 곁에서 느꼈던 것과는 무척 다릅니다. 바닐라 꿀처럼 달콤한 할머니에 대한 기억이 머릿속에 남아 있다면, 꽃무늬 앞치마를 두르고 계시거나 머리를 매만지시던 모습, 할머니한테서 나던 쌀가루 냄새가 잊히지 않고 떠오른다면, 그런 건 하드디스크에 몽땅 담아놓고 잊어버리세요. 당신은 손주에게 이와는 꽤나 다른 추억을 남겨주게 될 테고, 노력 여하에 따라 그것 또한 강렬한 추억이 될 것입니다.

좋은 기회를 붙잡는 것도 당신 몫이고, 좋았던 시절임은 분명하지만 30년, 40년, 50년 전으로 거슬러올라가는 과거에 얽매이지 않는 것도 당신이 해야 할 일입니다. 지금까지 남극에서만 살아서 사회적·기술적·과학적 혁명이 일어난 밀레니엄이라는 매우 집약적인 문명시대를 겪어보지 못한 경우가 아니라면 말이죠.

그러므로 한없는 사랑을 넘어 삶의 즐거움을 알려주고, 늘 곁에 있어주고, 이야기를 들어주고, 젊은 사고방식을 유지하고, 예상보다 일찍 이 세상에 나와서 당신을 경악하게 만든 조그만 병아리가 좋아라 할 모든 것에 호기심을 불러일으켜주는 할머니가 되는 것, 그것이 바로 당신과 같은 초보 할머니가 해야 할 일이랍니다.

그렇다고 할머니답게 확 나이 들어 보여야 한다거나 '노인'처럼 입고 '노인' 같은 헤어스타일을 하고 '노인'처럼 사고하고 '노인'처럼 살아야 한다는 생각은 하지 마세요. 실상은 전혀 그렇지 않습니다. 초보 할머니라는 새로운 역할이 주는 품격이 얼마나 고상한지 스포츠 룩, 아이라이너, 잇백도 멋지게 소화할 수 있답니다!

Note

새로운 세계

"신세대 할머니 속성 과정"

모든 것이 변했으니 적응해야 합니다!

여자의 삶에서 가장 아름다운 모험 하나가 이제 막 펼쳐지려 하네요. 자녀가 당신의 품을 떠나 짝을 만나고 가정을 이룰 때부터 꿈꿔온 모험 말입니다. 이 새로운 이야기 속으로 들어가려면, 당신이 할머니의 손녀였을 때 본 것들과 오늘날의 현실을 두루 다루는 유연성이 필요합니다. 그러니 이 장에서 제시하는 '예전에는/지금은' 코너를 워밍업 삼아 두 세대를 뛰어넘는 녹록치 않은 사명을 연습해보는 것이 좋겠죠. 이 코너를 통해 아이들의 일상, 교육, 놀이가 얼마나 많이 달라지고 부모와 아이의 세계가 얼마나 급격히 변화했는지 가늠해 볼 수 있을 겁니다. 고리타분한 옛날의 가치를 고수하고 현대적인 것을 적대시하는 할머니 취급을 받지 않으면서 초보 할머니로서 당신의 자리를 찾아야 합니다.

01

가족 내의 변화

예전에는

가족이라는 개념은 신성한 것이었고, 1960년대에는 이혼율이 6퍼센트를 넘지 않았습니다. 해체가정이 매우 드물어서 아이들은 당연히 청소년기나 그 이후까지도 부모와 함께 살았죠.

부모가 이혼한 아이 역시 요즘보다 드물었고, 그런 특수한 환경에 놓인 아이는 학교 친구들로부터 다소 따돌림을 받았습니다. 가족 전체에 엄청난 불명예를 안겨준 '미혼모'나 편부모 가정은 말할 것도 없었지요.

지금은

이혼율이 55퍼센트나 되니, 오늘날은 부모가 이혼하지 않은 아이가 오히려 드물다고 봐야겠죠! 해체가정, 재혼 가정, 편부모 가정, 게이 부모 가정 등 가정의 개념이 매우 다양해졌고, 옛 어른들의 잣대는 폐기되었습니다. 좋은 현상일까요, 나쁜 현상일까요? 그건 우리가 왈가왈부하기보다는 시간이 좀 더 지나면 알게 되겠죠.

02

새로운 할아버지 할머니

예전에는

할아버지 할머니는 아낌없이 정을 주는 존재요 가족의 상징이었기 때문에 사랑과 존경을 받았습니다. 그분들은 "우리 때는 말이야"라는 말로 이야기를 시작했고, 전쟁과 궁핍에 대해 자주 말했습니다. 그때는 한 푼이라도 아껴야 했고, 음식이건 옷이건 낭비하는 법이 없었죠. 그분들은 놀란 토끼 눈으로 바라보는 손주들 앞에서 노랗게 빛바랜 사진첩을 넘기며 할아버지 할머니의 젊고 활기찼던 모습, 군복 또는 깃털 달린 모자에 긴 플레어스커트로 '변장했던' 모습을 보여주곤 했답니다. 할머니는 음식을 만들어 온 집 안에 맛있는 냄새를 풍겼고, 할아버지는 낚시를 하고 우표를 수집했고, 저녁이면 샌드맨*이 오기를 기다리며 《안데르센 동화》나 《해저 2만 리》를 읽어주곤 했죠. 크리스마스가 되면 진짜 소나무로 만든 트리 밑에 선물이 한 개 놓여 있었고, 부활절이면 마당에 숨겨놓은

---

* 밤에 아이들의 눈에 모래를 뿌려 잠들게 한다는 동화 속 모래 인간.

종 안에 예쁘게 장식된 진짜 달걀이 들어 있었으며, 이齒의 요정이 베개 밑에 넣어준 동전은 아침 일찍 저금통으로 향했죠. 조금은 엄했고 아이가 말을 듣지 않을 때면 볼기짝이 빨개질 정도로 손찌검을 하기도 했지만, 손주를 사랑하는 마음은 무척이나 컸답니다. 다른 할아버지 할머니보다 젊은 축에 속하면 오히려 나이 들어 보이려고 노력했고 그런 나이 든 모습을 뽐냈는데, 할아버지 할머니는 가족의 추억, 지혜, 경험을 대표하는 큰 역할을 담당했기 때문이죠.

지금은

요즘 할아버지 할머니들은 일도 하고 여행도 가고 친구들과 파티도 하느라 한가하게 집에만 있지 않습니다. 여전히 가족을 상징하고 가족의 추억을 대표하는 존재지만, 할아버지 할머니라는 역할에만 자신을 묶어두길 원하지 않죠.

깊은 산골짜기 오지를 제외하고 할머니들은 여전히 할머니라고 불리지만, 하트 할머니, 산딸기 할머니, 마미누셰트, 마미타* 등 '무슨무슨 할머니'로 불리는 경우가 점점 더 많아지고 있습니다. "우리 때는 말이야"라는 말로 이야기를 시작하

---

* 모두 할머니를 부르는 애칭들이다.

기보다는 입을 다무는 편이고, 속으로는 그렇게 생각하더라도 옛날이 지금보다 더 좋았다는 말은 절대로 하지 않죠. 할머니들은 조깅을 하고 아르헨티나 탱고나 줌바 댄스를 춥니다. 예전에는 정성 들여 사진첩을 만들었지만 디지털 시대가 되면서 종이 사진첩은 쳐다보지도 않습니다. 이따금 파티가 있는 날이면 오래된 레시피를 꺼내서 송아지 스튜, 케이크, 달걀 흰자로 만들어 초콜릿을 뿌린 눈과자로 다시 한 번 온 집 안에 맛있는 냄새가 진동하게 만들죠. 저녁이면 스파이더맨이나 헬로키티에 익숙한 손주들에게 신데렐라나 피터 팬 이야기를 들려줍니다.

크리스마스가 되면 플라스틱 트리 밑에 장식볼 수만큼이나 선물이 가득하고, 부활절이 되면 초콜릿으로 만든 가짜 달걀이 정원에 하도 많이 숨겨져 있어서 다음 해에 발견되기도 한답니다. 요즘 이의 요정은 유로 지폐를 놓고 가는데, 손주들은 그 돈으로 즉시 플레이모빌을 사거나 사탕을 사먹죠. 손주들을 사랑하는 마음에는 변함이 없지만, 엄하게 대하기보다는 대화를 하고 거래를 합니다. 체벌은 법으로 금지될 수도 있어요. 실제로 '좀 연세가 있는' 할머니라도 '나이보다 젊어' 보이며 젊어 보이는 걸 좋아합니다. 증조할머니쯤은 돼야 정말로 나이가 많다고 할 수 있겠죠!

03

일상생활

예전에는

정해진 시간에 식탁에서 식사를 했고 반드시 전채, 주요리, 디저트 순으로 먹어야 했죠. 아이들은 식탁에서 쫓겨나기 싫으면 음식을 남김없이 먹어야 했어요. 의자에 똑바로 앉아야 했고 입속에 음식을 넣은 채로 말을 해서는 안 되었죠. 특히 일요일 점심식사는 중요한 자리라서 할아버지 할머니를 포함해 온 가족이 통닭구이와 케이크를 놓고 둘러앉았답니다.

집 안에 장난감이 쌓여 있는 경우는 없었고, 장난감 자체가 그리 많지 않았죠. 그래도 여자아이들은 인형, 인형 옷, 소꿉장난 도구, 요람, 유모차를 비롯해 인형을 엄마나 할머니처럼 완벽한 가정주부로 탈바꿈시킬 수 있는 장난감을 가지고 놀았죠. 남자아이들은 장난감 자동차, 인디언과 카우보이 복장, 성城과 권총으로 어른들 세계에 대한 동경을 채웠고요. 집집마다 롤러스케이트, 공, 노란 난쟁이 마술 상자가 있었답니다.

일요일에는 대개 차를 타고 장터나 시골로 가족 나들이를 가곤 했어요. 가끔은 영화나 서커스를 보러 가기도 했죠. 할아버지와 할머니는 목요일 오후에 시간을 내서 손주들에게 과자 만드는 법이나 정원 손질하는 법, 뜨개질을 가르쳐주었습니다. 아이들이 식당이나 축구장에 가거나 쇼핑을 하러 가는 일은 없었답니다.

텔레비전에서 "빰빠라빰빰빰! 잘 자요, 어린이 여러분!" 하며 잠자는 시간을 알려주었고, 아이는 절대로, 무슨 일이 있어도 어른들이 보는 TV 프로그램이나 영화를 보지 않았습니다.

아이들 옷을 살 때는 엄격한 규칙이 네 가지 있었지요. 튼튼하고 편안하고 때가 잘 타지 않으며 길이를 늘일 경우를 대비해 옷단에 여유가 있어야 한다는 것이었어요. 영국에서 유행하던 아동복은 부유한 동네에서만 볼 수 있었습니다. 여자아이들은 주름 장식이 있는 원피스, 남자아이들은 블레이저와 무릎을 덮는 회색 플란넬 바지를 입는 게 대세였어요.

당시에는 피에로 구르망 막대사탕, 미스트랄 알사탕, 캐러멜, 반짝이는 총천연색 종이로 싼 사탕을 즐겨 먹었습니다. 물론 식사 전에는 먹을 수 없었죠. 특히 말라바 추잉검은 많이 먹으면 배가 아픈데다 껌 씹는 소리나 풍선 터지는 소리를 내는 건 버릇없는 행동이었고, 프랑스는 자유분방한 미국이 아니므로 조금씩만 먹을 수 있었답니다.

여름방학은 엄마 아빠와 함께 다양한 기후를 경험할 수 있는 브르타뉴 해변에서 보내거나 시골의 할아버지 할머니 댁에서 보냈습니다. 새우 낚시와 숲속 피크닉은 해본 사람은 영원히 향수에 젖게 만드는 잊을 수 없는 모험이었답니다. 수영은 반드시 식후 세 시간이 지난 뒤 해야 했고, 정원에 들어가고 싶으면 샌들을 신고 햇빛을 가려주는 모자를 써야 했죠.

지금은

식문화가 급격히 현대화되면서 식사 시간이 예전보다 훨씬 덜 신성시되고 있습니다. 부모가 맞벌이를 하는 경우, 특히 저녁은 식탁에서 먹든 쟁반에 받쳐 텔레비전 앞에서 먹든, 빨리 준비할 수 있거나 냉동실에서 꺼내 녹이기만 하면 되는 음식들로 구성되죠. 주말에나 정성껏 준비한 음식을 천천히 양껏 먹을 수 있습니다. 비록 아이들에게 최고의 식사는 패스트푸드점에 가거나 엄마 아빠와 DVD를 보면서 브런치를 먹는 것이지만요.

남자아이와 여자아이가 가지고 노는 장난감은 여전히 다르지만, 모두 플라스틱으로 된 메이드 인 차이나 제품입니다. 레이저 광선을 내뿜고, 귀가 멍해질 정도의 소음을 내고, 걸어다니고, 울기도 하고, 혼자서 쉬도 하는 등 기능이 많을수록 더 좋지요! 할머니가 아이들 방에 잘못 들어갔다가는, 수북이 쌓여 있는 전기 자동차나 모형 장난감 위로 넘어져 엉덩이뼈가 부러질 수도 있습니다. 요즘은 장난감의 수명이 몇 개월 또는 몇 주밖에 되지 않기 때문에 '오래된' 장난감을 계속 가지고 있는 경우는 별로 없지요. 쓰레기통에 버리거나 자선단체에 기부하거나 아니면 인터넷 중고시장에 팔아버립니다.

하지만 그중에서도 가장 놀라운 장난감은 공간을 차지하지 않고, 깨지지 않고, 건전지를 갈아 끼울 필요도 없고, 아이들이 몇 시간이고 부모를 괴롭히지 않게 해주는 태블릿 PC 지요! 두 살짜리 아이의 짧은 손가락이 트랙볼, 마우스, 터치스크린을 오랫동안 다뤄본 어른처럼 태블릿 PC의 화면 위에서 정확하고 능숙하게 움직입니다(세상에! 미국의 한 회사는 태블릿 PC가 장착된 유모차를 생산하려고 연구 중이라네요…). 할아버지 할머니는 아이의 그런 모습을 보고 깜짝 놀랍니다. 이런 '테크놀로지'를 너무 일찍 접하면, 좀 더 큰 아이들한테서 종종 볼 수 있듯이 중독되는 건 아닐까 걱정하면서요.

요즘엔 아이들이 거의 어디든 부모와 동행합니다. 특히 식당과 극장에도 같이 가지요. 서커스 공연은 거의 사라졌고, 대신 극장과 여기저기에 있는 놀이공원이 그 자리를 대신합니다.

아동복 산업이 번창하고 있고, 아이들은 아주 어릴 때부터 자기가 입고 싶거나 입기 싫은 옷에 대해 확고한 취향을 갖고 있습니다. 그러니 할머니가 떠준 목이 따가운 스웨터를 입히겠다는 기대는 하기 힘듭니다! 아이들은 청바지, 레깅스, 털재킷, 후드셔츠, 농구화를 원합니다. 치맛단이 퍼지는 스타일의 원피스는 큰 행사 때가 아니면 별로 인기가 없는데, 꼬마 여자아이들의 경우 변장을 위해 가끔 입을 때도 있습니다.

눈깔사탕은 나이 든 어르신들 집에서나 찾아볼 수 있습니다. 이제는 오래 빨아먹거나 깨물어먹는 사탕은 찾아보기 힘들고, 합성 첨가물로 색과 맛을 낸 물렁물렁한 사탕들뿐이랍니다.

방학은 시간 사용 면에서 볼 때 가장 복잡한 시기일 수 있습니다. 특히 재혼 가정의 경우가 그렇습니다. 한 주는 아빠 집에서, 한 주는 엄마 집에서, 또 한 주는 할아버지 할머니 집에서 보내느라, 짐을 제대로 풀지 못하고 장난감을 가지고 놀아보기도 전에 벌써 다음 목적지로 떠나야 합니다. 이런 비교가 좀 과장되어 보일 수도 있겠지만 요즘 세태가 그렇고, 어쨌거나 그런 일에 익숙해져야만 합니다. 할아버지 할머니의 발언권이 컸던 시절은 이미 오래전에 지나갔다는 사실을 몸소 확인하게 될 겁니다. 네, 물론 아이들이 아주 어릴 때부터 엄한 교육을 받고, 사회생활의 본질적 가치를 배우고, 어른들을 존중하는 가정도 아직 있긴 하지요. 당신의 가정이 그런 가정이기를 진심으로 바라지만, 그런 경우가 아니라 해도 부디 힘을 내세요!

Note

3장

불가능한 일을
할 수는 없는 법

여는 말

할머니가 된다는 소식을 이제 막 들었는데, 벌써부터 본
인의 생활은 내팽개친 채 되도록 많은 시간을 아기에게
할애하는 완벽한 할머니가 될 생각을 하고 계시네요.

01 :

모험이 시작될 때 스스로를
압박하지 마세요!

| 좋지 않은 몇 가지 예 |

- 퇴직을 앞당긴다.
- 전원생활을 하기로 했던 계획을 취소한다.
- 열심히 다니던 그림 교실이나 영상 편집 강좌를 그만둔다.
- 개인적 충만감을 느끼던 봉사활동을 접는다.

정신이 어떻게 되신 거 아니에요? 할머니가 된다는 건 성직자가 되는 일이 아니고, 이제껏 당신이 오랫동안 해오던 것들을 희생이라는 명목으로 포기할 일은 더더욱 아닙니다. 압박감을 느낀다 해도, 그건 좋은 할머니가 되어야 한다는 차원의 압박감이지, 이미 견고하게 쌓아온 풍요로운 삶을 포기해야 하는 차원의 압박감은 아니라는 거죠. 곧 부모가 될 젊은 부부가 행복감에 취해 앞으로 어머니만 믿겠다고 말하더라도 그 말에 홀랑 넘어갈 필요는 없어요! 그들은 단 하룻밤 아이를 맡기더라도 '자기들 속으로 낳은 아이'를 떼어놓는 것이 얼마나 힘든 일인지, 당신의 조언(이나 비판)을 받아들이는 것이 얼마나 힘든 일인지, 아이의 감정이 균형 있게 발달하는 데 꼭 필요한 사람 중 하나가 당신이라는 것을 받아들이기가 얼마나 힘든지 아직 모르고 있답니다. 당신이야 이미 겪어 봤으니 잘 알겠죠. 육아 상식은 이론일 뿐임을 알게 되는 절체절명의 순간이 오기까지 아이 부모가 어떤 말들을 지껄이는지 말이에요. 당신의 멋진 역할에 대한 기대와 임신 기간에 한 아름다운 약속들은 아기에 대한 맹목적 사랑의 물결이 젊은 부부를 잠식하게 되면 까맣게 잊힐 것이 뻔합니다.

기다리세요, 엄마.
엄마가 원하면 아기를
맡길게요.

기다리세요, 엄마.
여름마다 적어도
일주일은 아이와 함께
보내게 될 걸요.

기다리세요, 엄마.
아기가 보고 싶으면 언제든
오실 수 있을 테니까요.

기다리세요, 엄마.
엄마가 하는 말은 뭐든지
귀담아들을 테니까요.

기다리세요, 엄마.
엄마가 사주시는 옷은
다 입힐 거예요….

기다리세요, 엄마.
엄마가 아이를 차에 태우고
다닐 정도가 되면 그땐
엄마만 믿을 테니까.

마치 노래 가사 같습니다. "아, 기다리세요, 기다리세요…."

어쨌든 지금 당장은 당신의 생활을 바꾸지 말고, 상황이 어떻게 진행되는지 지켜보기만 하세요. 중요한 결정을 내려야 할 순간은 언제든 올 테고, 당신의 기동성은 젊은 부부가 요청했을 때만 의미 있게 받아들여진답니다.

최악의 경우 중요한 여행 계획을 임신부의 출산 예정일에 맞춰 변경할 수는 있겠지만, 그 이상의 희생은 절대로 하지 마세요

02

안심하세요, 완벽한 할머니는 존재하지 않으니까요

지금부터 할머니가 되기까지 약 7개월이라는 시간이 남았습니다.

할머니라는 역할이 하루 종일 시간을 할애해야 하는 일은 아니지만, 그래도 신중하게 생각할 필요는 있습니다. 스스로를 압박하라는 얘기가 아니에요. 할머니 자격증을 주는 시험 같은 것은 없지만, 일단 손주가 품안에 들어와 당신 책임 밑에 놓이게 됐을 때 어쩔 줄 모르고 우왕좌왕하지 않기 위해서는 상식을 어느 정도 갖추고 있어야 한다는 거죠. 완벽한 할머니가 되라는 건 아니지만, 아기 부모는 아기의 울음소리만 잠깐 들려도 송곳니와 발톱을 드러내며 사납게 군다는 걸 잊지 마세요.

할머니가 해서는 안 되는 결정적인 실수들!

- 이제는 목과 엉덩이를 받쳐 아기를 안는 것이 어색하다고 솔직하게 말한다.
- 우유를 먹인 뒤 트림을 시키지 않고 바로 눕힌다.
- 손을 씻지 않은 채 아기를 안거나 젖병을 물린다.
- 젖병을 물릴 때 아기의 자세를 잡아주는 것을 어색해한다.
- 구토방지 매트 깔아주는 걸 잊어버린다.
- 수면조끼를 입히다가 토하게 만든다.
- 기저귀를 간 뒤 엉덩이에 짓무름 방지 파우더 발라주는 것을 잊어버린다.
- 목욕시킬 때 아기 눈에 물이 들어가게 하고, 몸을 닦기 전에 수건을 따뜻하게 만들어놓지 않는다.
- 아기를 배에 올려놓고 재운다.
- 본인이 감기에 걸렸을 때 마스크를 쓰지 않는다.
- 아기가 울 때 얼른 안아서 진정시키지 않고 어쩔 줄 몰라 한다.
- 너무 큰 목소리로 말한다.
- 지나치게 진한 담배나 향수 냄새를 풍긴다.
- 지나치게 감정적이거나, 침착하지 못하거나, 무관심하거

나, 신경질적이거나, 아기 부모의 눈에 위험하고 무책임한 사람으로 보일 만한 행동을 한다.

당신을 고약한 입장에 빠뜨릴지도 모르는 작은 실수들!

-
-
-
-
-
-
-
-
-
-
-
-
-

반대로, 몇 가지 능력만 있으면 단번에 완벽한 슈퍼 히어로 할머니로 등극할 수 있답니다.

완벽한 할머니의 머스트 해브musthave 아이템!

- 아기가 갑자기 열이 날 때 놀라지 않고 열을 내려줄 수 있다.
- 몇 분 만에 아기를 재울 수 있는 유일한 사람이다.
- 아이들이 걸릴 수 있는 온갖 질병의 증상들과 위급 상황에 필요한 전화번호를 꿰고 있다.
- 아기를 씻기고, 먹이고, 옷 갈아입히고, 격려해주고, 데리고 나가고, 들어오고, 잠재우는 데 능숙하다.
- 명망 높은 소아정신과 의사와 개인적으로 친분이 있고, 위급 상황에 대비해 그의 휴대폰 번호를 갖고 있다.
- 어린이집을 운영하거나, 소아과 의사이거나, 소아 관련 간호사이다.
- 많은 자녀를 훌륭하게 키워내 장한 어머니 상을 받았다면, 당신의 아들과 딸로부터, 더 나아가 며느리와 사위로부터 절대적인 신뢰를 받게 될 것이다.

- ....
- ....
- ....
- ....
- ....
- ....
- ....
- ....
- ....
- ....
- ....
- ....

당신의 장점이 무엇이고 부족한 점이 무엇이든 간에, 이런 실질적인 차원을 넘어서는 다이아몬드처럼 귀하고 순수한 것이 존재한답니다. 그건 바로 해가 거듭될수록 가족 간의 믿음을 단단하게 만드는 당신의 사랑이지요.

퀴즈 당신은 어떤 할머니일까요?

1. 할머니가 된다는 걸 알았을 때

   ▲ 어리둥절했다.

   ● 뛸 듯이 기뻤다.

   ◆ 이런 날이 오기만을 손꼽아 기다렸다.

2. 당신이 바라는 아기의 성별은?

   ▲ 아들

   ● 딸

   ◆ 아들이든 딸이든 상관없이 기쁠 것이다.

3. 아기가 누구를 닮으면 좋겠는가.

   ▲ 당신

   ● 사돈은 되도록 안 닮았으면…

   ◆ 당신의 자녀

4. 아기에게 어떤 이름을 지어주길 바라는가.

   ▲ 독특한 이름

   ● 튀지 않는 이름

   ◆ 가족의 전통을 따르는 이름

5. 아기 부모가 당신에게 아기를 얼마나 자주 맡길 거라고 생각하는가.

   ▲ 일주일에 한 번

   ● 한 달에 한 번

   ◆ 도움이 필요할 때마다

6. 당신이 생각하기에 할머니는

   ▲ 육아에 관여해야 한다.

   ● 육아에 관여해서는 안 된다.

   ◆ 부모가 하지 못하는 부분을 채워주려고 노력해야 한다.

7. 나중에 아이에게 무엇을 가르쳐주고 싶은가.

   ▲ 책, 정원 돌보는 법, 영화, 철자법이나 수학에 대한 당신의 열정

   ● 아무것도 가르쳐주지 않겠다. 성격은 스스로 형성되는 것이다.

   ◆ 타인에 대한 당신의 호의와 사랑

8. 가까이서 지켜보고 싶은 것이 있다면

   ▲ 아이의 체육활동

   ● 아이의 교우관계

   ◆ 아이의 학업

9. 당신은 어떤 할머니가 될 것 같은가?

▲ 아이에게 홀딱 빠져서 해달라는 대로 다 해주는 할머니

● 버릇없는 아이가 되지 않도록 엄격하게 대하는 할머니

◆ 선을 지키면서도 너그럽고 세심한 할머니

10. 아이의 식생활 면에서 당신은 어떤 유형일까?

▲ 아이가 좋아하는 것만 먹게 한다.

● 그릇에 남아 있는 호박을 다 먹으라고 강요한다.

◆ 아이의 미각을 발달시키기 위해 맛있는 것을 만들어준다.

11. 당신은 아이를 위해 무엇을 해줄 수 있는가.

▲ 꼭두각시 인형극을 보러 시내 반대편 구역까지 간다.

● 애니메이션 〈바바파파〉 DVD를 쉰네 번 본다.

◆ 태블릿 PC와 컴퓨터의 달인이 된다.

12. 아이의 마음에 새겨주고 싶은 중요한 가치가 있다면?

▲ 예절

● 순종

◆ 유머

13. 아이가 자라서 무엇이 되기를 바라는가?

▲ 의사, 변호사, 경영인

● 예술가

◆ 아이가 원하는 것

14. 당신과 아이의 관계는 어떨 것 같은가?

▲ 다정하지만 지킬 것은 지키는 관계

● 아이가 당신을 존경하는 엄격한 관계

◆ 친구 같고 웃음이 넘쳐나는 관계

결과

당신이 선택한 답 중에 ◆가 가장 많다면

➡ 당신은 세상에서 가장 멋지고 가장 쿨하고 가장 다정하고 가장 너그러운 할머니가 될 겁니다. 하지만 환상은 금물! 현실은 당신의 기대와 다를 수도 있습니다.

당신이 선택한 답 중에 ●가 가장 많다면

➡ 아이와 함께하는 시간이 늘 재미있기만 하지는 않을 테고, 아이도 당신 앞에서 조심하려고 할 겁니다. 지나친 엄격함은 아이를 당신으로부터, 집에서 받는 훈육으로부터 멀어지게 할 수 있으니 성질을 좀 죽이는 것이 좋겠습니다.

당신이 선택한 답 중에 ▲가 가장 많다면

➡ 당신은 드러나지 않는 부분에도 주의를 기울이는 훌륭한 할머니가 될 겁니다. 지나친 환상에 젖어들지 않고 주위 사람들의 기대에 부응할 줄도 아는 괜찮은 할머니입니다.

할머니의 새로운 역할?

프랑스 2 채널에서 방영하는 〈말하자면 긴 이야기〉라는 프로그램에 고정 출연하고 있는 심리학자 이본 퐁세-보니솔의 생각은 이렇습니다.

"할머니는 역사적으로 늘 중요한 존재였습니다. 현명함으로 갈등을 완화시키고 교육과 가족 문제를 해결해주는 사람이었죠. 아이의 심리적, 정서적 발달에 매우 중요하고 없어서는 안 되는 유희적 차원을 제공하기도 했습니다. 아이의 활동반경을 넓혀주고 상상력을 자극해 앞으로 펼쳐질 창의력에 돛을 달아주기도 했습니다. 할머니에게 집안에 전해 내려오는 음식 조리법을 배우고, 인형 옷을 만들고, 음악을 연주하거나 그림을 그리고, 잊고 있던 보물을 다락방에서 끄집어내고, 무슨 이야기든 들어주는 할머니 귀에 대고 작은 비밀들을 속삭이는 것은 얼마나 큰 기쁨인지!

지금은 물질적 풍요로움과 어릴 때부터 너무나 쉽게 접할 수 있는 전자기기들 덕분에 조부모와 손주 사이에 새로운 형태의 교류가 형성되는 것을 볼 수 있습니다. 종종 아이들이 할머니에게 전자게임과 터치스크린의 재미를 알려주고 정신없이 같이 게임을 하기도 합니다.

요즘 할머니의 이미지는 소중한 어린 시절의 보물과 추억으로 가득한 다락방 같은 할머니와 현대적 면모를 갖춘 할머니의 중간쯤 어딘가에 위치합니다. 흰머리를 뒤로 틀어 올린 할머니는 바이바이! 요즘 할머니들은 스쿠터나 보트를 타고 여행을 하고, 놀랄 만한 에너지를 펼쳐 보입니다. 유모 역할에만 만족하지 않고, 손자 손녀의 정서적·심리적 성장에서 지배적인 위치를 차지하죠.

결별·사별 또는 편부모 가정에서는, 아이 엄마가 느끼는 스트레스나 중압감 때문에 할머니가 모성애를 발휘하는 데 제약이 있을 수 있습니다. 그러나 이것은 한시적으로 나타나는 현상일 뿐이며, 아이가 정서적으로 안정감을 찾는 데 필요한 시간이기도 합니다. 독립적이고 활동적이며 의욕이 넘치는 신세대 할머니들이 등장하면서, 역설적이게도 오이디푸스 콤플렉스로 인한 갈등이 나타나기도 합니다.

과거에 비해 전통과 관례의 가치가 점점 낮아지고 있지만, 아이에게 울타리가 되어주는 할머니의 가치는 가정 내에서 여전히 대체 불가능하고 유일무이합니다."

친할머니와 외할머니의
입장 차이

무엇이 다를까요?

9개월의 임신 기간이 지나면 아들 또는 딸한테서 나온 세상에서 제일 예쁜 아기의 할머니가 되는 것이니, 친할머니이건 외할머니이건 하등 다를 게 없다고 생각하겠죠. 하지만 그건 말도 안 되는 소리랍니다! 사랑스럽지만 친딸은 아닌 며느리의 임신과 당신이 죽고 못 사는 딸의 임신 사이에는, 안사돈이 배가 불러오는 딸을 보며 맛보는 모성애라는 장벽이 우뚝 서 있으니까요. 그렇다고 심각해질 필요는 없답니다, 원래 그런 거니까요. 중요한 건 이 새로운 방정식 안에서 당신이 적절한 자리를 찾는 거랍니다.

01 :

친할머니의 경우

당신 아들이 세상의 모든 아들 중에서 가장 사랑스럽고, 가장 말 잘 듣고, 가장 똑똑하고, 가장 다정한 아이였다 해도, 지금 그의 인생에는 당신이 아닌 다른 여자가 있습니다. 그를 사랑하고, 그와 한 이불을 덮고 자고, 피자를 나눠 먹고, 플레이스테이션을 함께 하고, 장래의 계획을 함께 나누는 젊은 여자 말이에요. 곧 세상에 나오게 될 아기는 그들 부부의 사랑으로 맺어진 달콤한 열매지만, 약간의 가시가 있어서 당신의 감정, 개입하고 싶은 마음, 특히 임신 기간 중 참견하고 싶은 마음에 상처를 줄 수도 있습니다.

안사돈의 입지가 점점 커질 테지만 크게 걱정하지 않아도 됩니다. 그분이 심술궂게 굴지는 않을 테고, 어쨌든 며느리가 물어볼 것이 있거나, 조금이라도 속상한 일이 있거나, 울적하거나, 엄마의 위로가 필요할 때면 가장 먼저 그분을 찾는 건 당연한 일이니까요. 말하자면 당신은 약간 열외가 되는 거죠. 곧 아빠가 될 남자는 쿠바드 증후군*을 겪는 동안에도 어리광

부릴 상대를 필요로 하는 경우는 드물며, 의문이 생기거나 우울한 기분이 들어도 상황을 스스로 통제할 수 없다고 생각하지 않는 이상 혼자서 삭힌답니다. 다시 말해 당신 아들은 형제자매나 친구들과 그러듯 당신과도 쿨하게, 기쁘지만 참을성 있고 과묵하게 지낼 것이고, 당신이 알 권리와 출산 준비의 기쁨을 누릴 권리를 주장하면 부드러운 말투로 산책이나 하고 오시라며 당신을 밖으로 내보낼 겁니다.

이렇듯 아들에게는 기대할 것이 아무것도 없으니, 며느리의 뱃속에 들어 있는 존재에 가까이 다가가려면 당신에게 도움을 요청해도 된다는 걸 며느리에게 능수능란하게 표현해야 한답니다. 그렇다고 며느리의 사소한 요구와 필요까지 미리 파악해서 무엇이든 해주는 식으로 처신해 안사돈을 희생시키는 행동은 절대 금물입니다.

대신 몇 가지 제안을 하거나 협상을 할 수는 있겠지요.

● 며느리와 좀 더 긴밀한 관계를 형성하기 위해, 한 달에 한 번 둘이 만나서 외식을 합니다.

---

* 남편이 임신 중인 아내와 함께 식욕 상실, 매스꺼움, 구토 등 여러 가지 심리적, 신체적 증상들을 겪는 것. 영국의 정신분석학자 트리도우언이 붙인 명칭이다.

- 페인트칠이나 작은 가구 들여놓기 또는 커튼 달기 같은 아기 방 꾸미는 일에 동참합니다.
- 며느리가 임신으로 인해 피곤해하면, 약속 장소까지 차로 데려다주겠다고 하거나, 집안일 몇 가지를 대신 해주거나, 며칠 동안 개를 맡아주겠다고 제안합니다.
- 며느리가 좋아할 만한 조그만 선물을 하고 세심한 관심을 기울이되, 민간신앙에 따르면 불행을 가져온다는 말도 있으니 웬만하면 어떤 경우에도 아기를 위한 선물은 하지 않습니다.
- 당신은 안사돈의 자리를 대신할 마음이 없다는 것을 며느리에게 전하되, 앞으로 펼쳐질 일들이 기대되고 무척 기쁘다는 것을 알립니다. 영리한 며느리라면 무슨 뜻인지 금방 알아듣겠죠!
- 한마디로 친딸은 아니지만 친딸처럼 감싸주고 아껴줍니다. 쉬운 일은 아니지만, 과민한 반응을 보이지 않고 지나치게 화를 내거나 나서지 않으면서 자신을 유용한 존재로 인식시키는 법을 안다면 가능한 일입니다.

일단 아기가 태어나면 모든 것이 거의 제자리를 찾게 된답니다.

02 :

외할머니의 경우

이 경우에는 마음껏, 지나쳐서 체할 정도로 9개월의 임신 기간을 만끽할 수가 있답니다! 이 시간 동안 당신은 "나에게 도 인생이 있어요, 엄마. 내 나이가 벌써 스물세 살이라고요" 라고 말한 뒤 몇 년 동안 관계가 소원했던 딸내미에게 다시 중요한 사람, 반드시 필요한 사람, 모든 것을 경험했고 알고 있고, 모든 것을 미리 예견하는 사람이 됩니다. 튼 뱃살, 튀어 나온 배꼽, 할머니들이 입는 것 같은 커다란 팬티와 이런저런 걱정거리들을 부끄러움 없이 보여주고 털어놓는 그런 사람이 되는 거지요.

지금까지 딸이 소식을 자주 전하지 않는 것이 불만이었다 면, 분명 실컷 소식을 듣게 될 것이고, 장담컨대 끊임없이 걸 려오는 전화와 문자 메시지에 당신이 미처 답하지 못하는 날 이 올 겁니다. 출산 준비를 하는 동안 몇 가지 결정을 할 때 딸 이 가장 먼저 찾는 사람도 당신일 테고요.

그 9개월이 정말 근사할 것 같지 않나요?

03

그럼 할아버지는?

할아버지들을 까맣게 잊고 있다고 생각하지는 않으시겠죠! 네, 물론 할머니는 절대적으로 필요한 존재지만 할아버지의 역할도 중요합니다. 할아버지의 역할은 여러 면에서 다르지만, 할머니의 역할만큼이나 구조적인 면에서 중요하답니다.

초보 할아버지는 당신과 나이가 엇비슷하고, 당신과 비슷한 체험을 했고, 당신과의 사이에서 태어난 아이들에게 똑같은 애착을 갖고 있습니다. 하지만 손주가 태어난다는 소식에 당신만큼 감격스러워하지는 않으며, 기쁨을 표현하는 방식도 다릅니다. 가족에게 닥친 갖가지 사건들을 잘 헤쳐온 그는 자신이 여전히 건재하고 얼마 후면 가족이 더 늘어나 집안의 '새싹'과 함께 산책이나 축구 시합을 할 수 있게 된다는 생각에 일종의 자부심을 느낍니다! 네, 맞아요, 할아버지들은 바로 그 부분에서 진정한 기쁨을 느낀답니다. 반면 갓난아기의 첫 울음소리, 재채기, 기저귀를 비롯해 할머니의 마음을 떨리게 하는 모든 것에서는 본능적인 기쁨을 느끼지 못합니다. 그러니 처음 몇 달 동안, 초롱초롱한 눈망울과 미소만 봐도 너무나 자랑스러운, 미래의 공쿠르상이나 노벨의학상 수상자를 그가 어르거나 넋 놓고 바라보리라고는 기대하지 마세요. 그는 자신이 무대에 오를 때를 기다리고 있는 거랍니다. 내 말을 믿으세요, 손자나 손녀가 어느 정도 자라 처음으로 그의 품에 뛰어들고 목에 매달릴 때면, 그는 당신만큼이나 노곤노곤해질 테니까요! 그러니 지금은 자고 먹고 하품하는 아기 앞에서 그가 당신만큼 열의를 보이지 않는다고 해서 화내지는 말라는 겁니다.

전격적인 변화!

손주의 첫 어리광이 그의 가슴을 움트는 사랑의 입김으로 부풀게 했다면, 시간이 좀 더 흐른 뒤에는 손주 입에서 처음으로 '할아버지'라는 말이 나오는 것만으로도 그때까지 작은 점에 불과했던 그의 위상이 확고해지고, 처음으로 아이와 함께하는 놀이를 통해 손주가 할아버지와 있을 때 얼마나 깔깔 웃어대는지, 얼마나 말을 잘 듣는지, 얼마나 신중한지, 얼마나 순한지, 얼마나 호기심이 많은지 등등이 모든 이의 눈에 들어오게 됩니다. 그제야 할아버지는 그 자체로 인정을 받게 되고, 그의 남성적 오만함은 손주의 탄생 때와 그후 몇 개월 동안 손주를 둘러싸고 있던 한없이 여성적인 세계에서 비로소 제대로 자리를 찾게 된답니다. 일반화해서 말하기는 힘들지만 이런 현상은 생후 18개월 전후로 나타나는데, 눈 깜짝할 사이에 쑥쑥 크는 아이의 성장도 경탄스럽지만, 얼마 전까지만 해도 변변치 않았던 젊은 할아버지가 당신 눈앞에서 자기 역할을 훌륭하게 해내는 모습도 놀랍기는 매한가지지요!

감동적인 증언들

- 할아버지가 발에 땀이 많아서 운동화 신는 걸 싫어했다고요? 조금 전에 손주와 축구하려고 운동화를 한 켤레 사오셨답니다.
- 퀴즈 프로그램 시청을 절대 놓치는 법이 없었다고요? 지금은 손녀를 무릎에 앉혀놓고 같이 만화영화 보는 걸 더 좋아하세요.
- 강아지 산책 좀 시켜달라고 부탁하면 투덜거리셨다고요? 지금은 손자 또는 손녀랑 공원 한 바퀴 돌고 오려고 계획하시는 걸요.
- 상점에 쇼핑하러 가는 걸 너무나 싫어했다고요? 요즘은 장난감 상점에 정기적으로 들르신답니다.
- 점심식사 후에는 커피를 마시면서 담배를 피우셨다고요?

이제는 집안에서 담배 냄새가 조금이라도 나는 건 있을 수 없는 일이랍니다.

- 같은 말을 두 번 하게 하면 화를 내셨다고요? 지금은 비를 맞으면 왜 젖는지, 왜 후드를 써야 하는지, 왜 물웅덩이를 건너뛰어야 하는지 열 번이고 스무 번이고 다시 설명해주시죠. 국수 가락으로 예쁜 목걸이를 만들거나, 모래성을 쌓거나, 장난감 자동차가 다닐 다리가 있는 작은 도로를 만드는 일에 끝없는 인내심을 보이신답니다.

- 물건들이 제자리에 없으면 화를 내는 분이셨다고요? 이제는 손주가 거실 한복판에 장난감을 던져놔도, 신문을 찢어도, 리모컨의 버튼을 되는대로 눌러도, 소파에 잼을 흘려도, 낱말 맞히기용 볼펜을 아무 데나 던져버려도, 작은 삽으로 화단의 흙을 모두 파내도 절대로 야단을 치지 않는답니다. 할아버지는 전과는 딴판이 되었습니다. 그나 당신이나 각자 자기만의 경험이니까요!

누구보다 힘센 할아버지

언젠가는 그가 당신보다 더 많은 것을 손자와 나누고 함께 하게 되리라는 걸 체념하고 받아들여야 합니다. 그건 전혀 심각한 일이 아니고, 아이가 두 분 사이에서 성숙해지는 거니까

오히려 기뻐해야 할 일이죠. 그러니까 아이를 너무 소유하려고 하지 말고, 원할 때 둘이서만 일탈을 즐기도록 내버려두세요. 두 사람이 그런 시간을 얼마나 좋아하는데요. 회전목마를 타러 가거나, 줄낚시를 하러 가거나, 자동차로 드라이브를 하거나, 단순히 빵을 사러 가는 모험을 위해 고사리 같은 손을 할아버지의 커다란 손에 쏙 집어넣을 때 두 사람 중 누가 더 자랑스러운 기분일지 짐작이 가시죠?

할머니의 입맞춤이나 어루만짐 외에도 옛날같으면 '봉파파*'라 불렸던 분의 경험과 권위는 아이가 걱정 없이 매달릴 수 있는 튼튼한 나뭇가지인 셈이라, 할아버지로부터 받는 교육과 조언이 아이에게는 인생의 소중한 밑거름이 됩니다. 할아버지는 언제나 옳고, 절대로 착각하는 법이 없고, 힘이 세고, 많은 것을 할 줄 알며, 무서운 이야기도 해주고, 화를 내는 일이 거의 없습니다. 게다가 할아버지와 함께 있으면 재미있고, 할머니 몰래 사고를 칠 수도 있고, 비밀도 만들게 되고, 무엇보다 하늘에 닿을 만큼 어른이 된 느낌이 든답니다!

그러니 할아버지, 브라보! 할아버지가 최고예요.

---

* 프랑스어에서 할아버지를 뜻하는 표현. 'Bon papa'는 글자 그대로 해석하자면 '좋은 아빠'라는 뜻이다.

285일*간의 여행!

* 마지막 생리가 시작된 날로부터 계산한 임신 일수.

임신이 어떤 것인지 무엇 하나 기억나지 않는 게 없고, 배가 점점 불러가며 285일을 기다린 끝에 인생에서 가장 경이로운 기쁨을 맛본 것이 마치 어제 일처럼 생생하게 느껴질 겁니다. 먼저 경험해본 선배로서 당신은 그 불가항력적인 두려움을 옆에서 지켜보는 일이 그다지 두렵지는 않습니다. 다만 21세기 젊은 부모들의 정신상태, 행동의 변화, 의학 발달을 염두에 두지 않을 뿐이지요!

01 :

먼지 쌓인 추억 꺼내보기

추억이라고 하면 일반적으로 좋은 기억을 뜻합니다. 임신과 관련해 구체적인 기억을 말하자면, 초기 입덧과 피로, 심한 감정 기복, 위장 열감, 허리 통증, 다리 부종, 지속적인 배뇨감, 식이요법, 펑퍼짐해지는 엉덩이, 충치, 탈모 등 출산의 눈부신 섬광과는 직접적인 관련이 없는 김빠지는 것 투성이입니다. 오늘날 유행하는 무통분만의 혜택을 누리지 못한 탓에, 출산의 감동이 고통스러웠던 기억에 자리를 내주기 때문이지요.

내 사랑 무통분만!

1940년대에 발견된 무통분만법은 유럽에서는 비교적 늦게 사용되기 시작한 기술입니다. 1970년대에 접어들어서야 무통분만이 출산의 '골드 스탠다드'가 되었지요. 그런데도 많은 여성들이 오랫동안 무통분만을 꺼렸는데, 이는 '산고産苦는 겪어야 한다'는 속설과 관계가 있었습니다. 요즘에는 환자가 특별히 요청하거나 의학적으로 부적합한 경우를 제외하고는, 모든 여성이 경막 외 마취를 통해 무통분만법으로 행복한 출산을 하고 있습니다.

주위 사람들이 당신의 주체할 수 없는 식욕을 만족시키려고 애쓰던 일, 끓어오르던 성욕, 출산 준비의 기쁨, 뱃속에 들어 있는 작은 생명의 파동, 버스에서 남자들이 자리를 양보해 주던 일, 무엇보다 조그맣고 따뜻한 경이로운 생명체가 배 위에 올려지던 순간 스스로를 잊을 정도로 엄청난 감동에 사로잡혔던 일이 당신의 기억 속에 생생하게 남아 있을 겁니다.

02

임신의 세계로 한 발씩 들어가기

당신 며느리가 특이한 부류가 아닌 다음에야, 본인과 태아의 건강을 위해 임신 초기부터 각각의 단계에 필요한 검사를 받아야 합니다. 각 검사가 제 때, 제 시간에 이루어지는지 확인하는 것이 초보 할머니로서 당신이 해야 할 일입니다. 만약 검사를 소홀히 하는 것 같으면 당신이 직접 진료 예약을 잡아주는 것도 좋습니다.

이쯤에서 팁을 하나 드리겠습니다. 당신의 임신 상식을 살짝 재정비해둔다면 임신한 딸이나 며느리에게 당신의 가치가 확실하게 각인되겠죠!

✚ 반드시 받아야 하는 검사

1분기

● **14주 이전** : 산부인과에서 다양한 소변검사 및 혈액검사.

● **12~14주** : 태아의 수와 정확한 임신 날짜를 알기 위한 첫

번째 초음파 검사. 비만, 고혈압, RH⁻ 혈액형 혹은 노산의 경우 검사 및 분석이 강화됩니다.

2분기

- 매달 병원을 방문해 부인과 검사, 소변검사 및 혈액검사.
- 두 번째 초음파 검사. 일명 형태 초음파 검사로 태어날 아기의 크기, 성별, 발육 상태를 확인합니다.
- 15~17주 : 다운증후군 검사를 위한 혈액 채취. 이때 조금이라도 미심쩍은 부분이 있으면 양수천자 검사를 실시합니다. 유산 위험이 있거나 태아의 성장이 늦어지는 경우에는 탯줄과 자궁의 혈액 흐름을 살펴보고, 적절한 해결책을 찾기 위해 도플러 초음파 검사를 실시합니다.

3분기

- 매달 병원을 방문해 소변 및 혈액 검사
- 32주쯤 : 마지막 초음파 검사. 그러고 나면… 야호, 드디어 아기가 태어납니다!

하지만 임신 기간 동안 챙겨야 하는 것이 의학적인 부분만이 아닌데다, 무엇보다 임신은 질병이 아니라는 사실을 절대 잊어서는 안 됩니다. 질병이라니, 말도 안 되는 얘기죠! 그러니 예비 할머니, 딸이나 며느리의 배가 불러오는 모습을 보면서 불안해하지 마세요! 당신의 불안은 젊은 부부가 전과 다르게 하루하루 소중한 순간을 맞이하면서 느끼게 될 불안감에 비하면 아무것도 아니니까요. 이 여정에는 경이로운 순간(기대하세요!)도 있고 당신의 과거 경험이 도움이 될 조금 어려운 시기도 있을 겁니다. 모쪼록 당신은 이 여정이 펼쳐지는 동안 기쁜 마음과 침착하고 헌신적인 태도로 임신부의 마음을 달래주는 가이드가 되어야 합니다.

03 :

출산을 위한 선택

어떤 산부인과 의사를 선택할 것인가?

이 문제로 의견이 나뉘어 싸우는 가족들을 많이 보았습니다. 당신이 당연하게 여기는 선택이 아기 부모에게는 그렇지 않을 수도 있습니다. 무엇보다 아기 부모는 자기들 마음대로 선택하고 싶어하죠. 당신이 세계 최고의 산부인과 의사를 알고 있거나 25~30년 전 당신의 출산을 도왔고 아직까지도 뛰어난 솜씨를 자랑하는 훌륭한 산부인과 의사를 알고 있더라도 말이죠. 젊은 부부의 결정이 우세할 확률이 높습니다. 그러니 그 결정이 당신 마음에 들지 않더라도 나무라지 마세요. 자녀 부부의 출산이지 당신의 출산이 아니거든요. 그들이 '저쪽 할머니'의 의견을 채택하지 않기를 바라는 것 외에, 당신이 할 수 있는 일은 없답니다.

병원은 어디로 할 것인가?

의사를 정하면 병원도 자연스레 정해지니, 당신은 이러지도 저러지도 못하는 입장일 테죠. 복권 당첨되어 곧 태어날 손주에게 비싸고 호화로운 병원을 선사할게 아니라면요.

그러니 더이상 아무 기대도 하지 마세요. 처음 자문이 필요할 때도, 그 이후에도 그들이 당신에게 도움을 청하는 일은 없을 겁니다. 조만간 부모가 될 젊은 부부는 인터넷을 열심히 뒤져 온갖 임신 관련 정보들을 찾아냅니다. 금세 당신보다 더 많은 걸 알게 되죠. 그들에게서 언제 전화가 올까 목 빠져라 기다리지 마세요! 저녁이면 전화를 통해 간략하게나마 진행 상황을 들을 수 있을 테니 걱정할 것 없습니다. 만에 하나 검사 결과를 당신에게 말해주지 않아도, 문제가 있었으면 바로 알렸겠거니 생각하세요. 연락이 없었다는 건 아무 문제 없다는 뜻이죠.

병원 선택에서 당신이 할 수 있는 일은 해당 병원에 대해 개인적으로 알아보고, 정해진 기준에 합당한지, 곤란한 상황이 발생할 경우 어떻게 대처하는지, 개인 시설은 안락한지, 위생적인지, 신생아 진료 수준은 어떤지를 확인해보는 정도입니다.

✚ 산부인과에 3가지 레벨이 있다는 걸 아시나요?

레벨 1: 일단은 별 문제 없이 분만할 수 있는 곳입니다. 분만에 필요한 시설을 모두 갖추었고 예상치 못한 난산이 될 경우 문제를 해결할 수 있습니다. 레벨 2, 3의 병원과 연계되어 있어서, 분만 중 문제가 발생할 경우 임신부와 아기를 그쪽으로 이송할 수 있습니다.

레벨 2: 신생아 담당부서와 신생아 집중 치료실을 갖추고 있습니다. 조산아를 받을 수 있습니다.

레벨 3: 개인 집중 치료실이나 소아 및 산모 재활 담당부서가 있습니다. 유산 위험이 있는 임신부(중증 고혈압, 다둥이 임신)와 32주 이하의 조산아를 취급할 수 있습니다.

당신 집에서 걸어서 200미터밖에 되지 않는 곳에, 햇빛 잘 드는 특실을 갖추었고 창가에 꽃이 장식되어 있고 버킹엄에서 공부한 육아 전문가들이 상주하는 병원이 있어서 온갖 돌발 상황에 대처할 수 있다면 가장 이상적이라고 생각하시겠죠. 하지만 꿈 깨시는 게 좋습니다! 지구 반대편에 그런 병원이 있지 않은 것만도 다행이고, 젊은 부부가 자기들이 태어났고 당신이 살고 있는 이 나라에서 아기를 낳기로 결정한 것만도 행복한 일이랍니다!

임신부가 아파요!

임신부는 푸르딩딩한 얼굴과 다크서클 말고는 아직 특별한 증상을 보이지 않습니다. 임신한 여자들 중 50~70퍼센트가 그렇듯이, 당신 집안의 임신부도 헛구역질을 하고, 토하고, 녹초가 되고, 잠이 많아져서 <보이스 프랑스> 결승전을 보다가도 잠이 듭니다. 돕고 싶은 마음이야 굴뚝같겠지만, 슈퍼마켓에서 장을 봐주거나 사소한 집안일을 돕는 것 외에 당신이 해줄 수 있는 일은 별로 없습니다. 아, 식사 전에 입덧 예방 정도는 해줄 수 있겠네요.

✚ 입덧을 가라앉혀주는 묘약

- 따뜻한 물 한 잔
- 레몬 한 개를 갈아 만든 주스
- 꿀 한 숟가락
- 생강가루 조금
- 또는 코카콜라, 슈웹스, 페리에 같은 탄산음료

임신 중 응급상황

임신부는 여기저기 아프고, 마음이 심란하고, 이런저런 걱정이 많아지고, 끊임없이 불평을 늘어놓습니다. 특히 임신부가 당신 딸이라면 이것을 더더욱 실감할 겁니다. 당신이야 이미 겪어본 일이니 걱정할 게 전혀 없다는 걸 알고 있죠. 하지만 당신 딸이나 며느리는 아직 아무것도 모르니, 안심시켜주고 설명해주고 걱정을 덜어주는 것이 당신이 해야 할 일이랍니다. 그러니 시도 때도 없이 전화를 걸어오거나, 울거나, 견뎌낼 자신이 없다고 말해도, 피곤하다, 허리가 아프다, 속이 쓰리다, 변비가 심하다, 다리가 퉁퉁 붓는다, 잠을 못 잔다는 등 끊임없이 징징거려도 너그럽게 받아주세요.

임신의 고통을 잠재우는 당신만의 미니 매뉴얼

- 엄마, 하루 종일 속이 메슥거려요. 치즈 냄새가 너무 역겹고, 식사 때마다 아이스크림이 먹고 싶어요.
- ➡ 원래 그런 거야. 임신 초기에는 그런 욕구와 식욕부진이 흔히 나타난단다. 호르몬 변화가 과도하게 일어나서 미각과 후각에 큰 영향을 미치거든.

• 엄마, 속이 쓰려요!

➡ 자궁이 확장되면서 위산이 역류하는 거야. 출산 때까지 계속 그럴 수도 있단다. 오렌지 주스나 지나치게 신 음식, 발효음식은 가능한 먹지 마. 식사 할 때 천천히 먹고, 먹고 나서 바로 눕지 말고. 잘 때는 되도록이면 옆으로 눕고. 그래도 증상이 호전되지 않으면, 동네 약국에 가서 임신했다고 말하고 위산 역류 억제제를 달라고 해봐.

• 엄마, 먹어도 먹어도 배가 고파요. 이러다 코끼리가 되겠어요!

➡ 그럴 일은 절대 없지만, 그래도 좀 자제해보렴. 심하게 배가 고픈 건 태반이 분비하는 호르몬 때문이야. 특히 에스트로겐 때문에 그런 충동이 느껴지는 거지.

(호르몬 불균형 때문에 무의식적인 불안과 두려움이 발생하는 거고, 먹는 행위로 풀려는 거라고 자세히 설명하면 더 불안해하고 두려워할 수 있으니, 되도록 그런 설명은 하지 마세요.)

• 엄마, 5분마다 소변이 마려워요!

➡ 걱정하지 마, 원래 그런 거야. 임신 초기에는 호르몬 때

문에, 막달에는 아기 머리에 방광이 눌려서 그렇지. 평소처럼 물을 마시되, 요실금 증상이 생기면 의사를 찾아가보렴. 그러면 비뇨기과로 안내해줄 거야.

• 엄마, 몸을 제대로 움직일 수가 없어요. 계단 세 개만 올라가도 숨이 차요.

➡ 걱정하지 마, 태아가 자라면서 폐 기능이 일시적으로 떨어져서 그런 거야.

• 엄마, 나 겁이 나요. 좀 전에 길거리에서 쓰러질 뻔했어요!

➡ 애야, 진정하렴. 임신 때문에 뇌 반응이 느려져서 그런 것뿐이야. 피 속에 당이 모자라는 경우에도 그럴 수 있으니까, 가방에 항상 사탕 두세 개는 넣고 다녀라.

• 엄마, 어쩜 좋아요. 자꾸 분비물이 나와요!

➡ 원래 그런 거야. 임신 기간 내내 그럴 거란다. 태반과 난소 호르몬 활성화 때문에 그런 거야. 샤워할 때 중성 비누를 사용하고 순면 팬티 라이너를 쓰도록 해. 만약 통증이 느껴지면 사상균에 감염되었거나 질 내에 염증이 생겼을

수도 있으니까 의사에게 말하도록 하고.

• 엄마, 변비가 너무 심해요!
➡ 장운동이 느려지기 때문에 그런 현상이 생길 수 있어. 신선한 과일과 섬유질이 많은 야채를 많이 먹으렴.

• 엄마, 뱃살이 틀까봐 걱정이에요. 어떻게 해요?
➡ 뱃살이 트는 걸 방지하려면, 지금 사용하고 있는 크림에 아몬드 오일을 섞어서 또는 뱃살 트임 방지 크림으로 배, 가슴, 엉덩이를 매일매일 마사지해서 피부를 부드럽게 해줘야 해. 피부가 부드러워지면 팽창이 잘돼서 몸무게가 늘어도 견뎌낼 수 있거든. 뱃살이 한 번 트면 원상태로 되돌릴 수 없으니까 절대 빼먹으면 안 돼.

• 엄마, 밤마다 다리에 쥐가 나요!
➡ 걱정하지 마, 원래 그런 거니까. 다리를 쭉 펴거나 쥐가 나는 반대 방향으로 뻗으면 괜찮아질 거야. 쥐가 너무 자주 나면, 의사 선생님한테 칼슘과 비타민 B를 처방해달라고 해.

• 엄마, 자궁수축이 왔어요. 나 무서워요!

➡ 얘야, 일단 진정하고, 담당 의사나 병원에 전화해. 그러기 전에, 자궁수축이 확실한 거니? 흔히 있을 수 있는 단순한 통증이 아니고?

• 엄마, 몸이 무거워요. 허리가 아프고 다리도 천근만근이에요.

➡ 임신하면 종종 혈액순환 장애가 온단다. 지금 네 몸이 겪고 있는 일을 생각해볼 때, 정상적인 현상이라고 봐야 해. 그래도 합병증이 생기는 경우도 있으니 조심하고. 그때그때 바로 의사 선생님과 의논해. 허리가 아픈 것도 원래 그런 거야. 3개월부터는 아기 몸무게 때문에 요추의 구부러진 부분에 변화가 생겨서 그렇단다. 스트레칭이 되고 자세도 잡아주는 요가를 시작하는 게 좋겠구나. 잘 때는 옆으로 누워서 자도록 하고.

임신부가 이런 증상들을 호소할 수 있다는 걸 알았으니, '정상적'인 상황이 '비정상적'인 상황으로 변할 수 있음을 염두에 두고 작은 변화도 눈여겨봐야 한다는 마음으로 안심시키는 답변을 해줘야 합니다! 또한 아무것도 아닌 일에 겁을 먹게 되는 임신부의 정신상태를 이해해야 하며, 다른 한편으로는 임신은 병이 아니라는 원칙에서 출발해, 임신부가 호소하는 '불쾌감'을 신중한 태도로 잠재워줘야 합니다.

05 :

아기 이름 짓기

곧 태어날 아기의 이름 짓기야말로 가족들의 가장 큰 관심사입니다. 아기에게 어떤 이름을 지어줄지 양쪽 집에서 모두 이런 저런 예측을 하지요.

태어난 지 얼마 안 된 아기에게 훌륭한 조상의 이름을 붙여주는 것은 오래전 일이니, 당신이 좋아하는 삼촌이나 할머니 이름이 다시 유행해서 아기를 그 이름으로 부를 수 있을 거라는 기대는 하지 않는 것이 좋습니다. 아기가 유치원에 들어갈 때쯤이면 아나톨, 알퐁스, 가에탕, 마르그리트, 에스텔, 레오니 같은 이름의 아이들이 점점 더 많아질 테니 말이죠.

이름 문제로 아기 부모에게 압력을 넣을 생각은 하지 마세요. 이름을 미리 정해놓고는 아기가 태어날 때까지 할머니에게 알려주지 않는 경우도 종종 있답니다. 네, 바로 당신한테요! 아기가 태어날 때까지 이런저런 방식으로 유도심문을 하고 싶겠지만, 전략이 아무리 치밀해도 별 성과는 없을 겁니다. 질투가 날 정도로 자기들끼리 비밀을 유지할 테니까요. 구식이거나, 지나치게 독특하거나, 너무 길거나, 너무 짧거나, 너무 멋을 낸 것 같거나, 어디서 들어본 듯하거나, 아니면 성姓과 연결하기 어려운 이름들을 하나씩 빼버리는 방식으로 추론해볼 수도 있습니다. 그 정도면 꽤 많이 좁혀지겠죠? 그런 다음 최근 10년 동안 인기가 많았던 이름들을 참고하는 방식으로 아이디어를 얻을 수도 있습니다. 도움을 드리기 위해 요즘 인기가 많은 이름들을 소개합니다.

인기 많은 이름(2014년 5월)

요즘 가장 인기 많은 여자아이 이름은?

- 엠마 (10년 전부터 계속 1위)

- 롤라
- 클로에
- 이네스
- 레아
- 마농
- 자드
- 루이즈
- 레나
- 리나

남자아이 이름은

- 나탕
- 루카스

- 레오
- 가브리엘
- 티메오
- 테오
- 엔조
- 루이
- 라파엘
- 아르튀르
- 위고

오래전에 사랑받은 이름인 아롱, 가뱅, 로뱅, 에당, 카미유, 마오, 베르티유가 다시 등장하고 있고, 아시유, 아르망, 아르센, 블레즈, 에르네스틴, 제르트뤼드, 이르마, 베르트가 앞으로 10년간 유행할 것으로 보입니다.

그러니 곧 할머니가 될 당신이여, 아기 이름이 당신 마음에 들기를 바라고, 이름을 제안할 기회가 당신에게 왔을 때 로마 황제나 만화 주인공 이름을 갖다붙인다는 인상을 주지 않기를 바랍니다. 모쪼록 신중하게 잘 선택하세요.

가브리엘의 할머니 마미 플라슈의 경험담:

"저에게 주어진 정보는 딱 두 개뿐이었어요. 태어날 아기가 아들이라는 것 그리고 아기 부모가 생각해놓은 이름이 1947년 이후로 딱 일곱 번밖에 쓰인 적이 없다는 것이었죠. 그래서 내 친구들에게 단체 문자 메시지를 보냈어요. 좋은 이름을 찾아주는 사람에게 '자디스 에 구르망드' 초콜릿으로 아기 이름을 써서 '출산' 선물로 주겠다고요. 내 주머니에서 돈이 나갈 텐데, 아기 이름이 막시밀리앙이 되지 않기만을 바라고 있답니다."

| 당신이 생각하고 있는 이름 |

남자아이

-
-
-
-
-
-
-
-
-

여자아이

-
-
-
-
-
-
-
-
-

06

첫 아기용품 쇼핑

아직 임신 초기인데도 당신은 아기용품 전문점에서 파는 물건들을 보면 어쩔 줄 몰라하며 발만 동동 구를 겁니다. '아기용품'은 반드시 필요한 것이긴 하지만, 모든 사람이 그렇듯 당신도 꼭 필요하지는 않은 물건을 구입하고 싶은 충동을 느끼겠죠. 예를 들어 신중한 할머니라면 신겨보지 않을 초소형 사이즈의 농구화나 두 달도 못 쓸 화관 모양의 아기 침대 같은 것 말입니다.

전혀 도움이 안 되는 조언을 원하신다면 이렇게 말씀드릴게요. "하고 싶은 대로 하세요. 즐겁게 쇼핑하세요. 초보 할머니가 되는 기회는 일생에 단 한 번뿐이니까요"라고 말이죠.

신중하게 하든 재미있게 하든, 당신의 출산 준비 중 어떤 것은 딸이나 며느리의 방식과 다를 수 있습니다. 이 점이 가장 극명하게 드러나는 순간이 바로 아기용품을 구입할 때죠. 당신과 그들의 마음가짐과 행동이 다르기 때문입니다.

사랑하는 딸과 쇼핑하러 가는 것만으로도 두 사람 사이에 형성되어 있던 공감의 고리는 더욱 단단해지며, 당신은 모두를 행복하게 만드는 아기를 위해 벌써부터 전 재산을 탕진할 기세입니다. 두 사람은 새끼 고양이 모양의 장식이 달린 앙증맞은 모자나 예쁜 수면조끼 앞에서 웃고 수다 떨고 키스하고 감격합니다. 임신부가 정리정돈을 잘하는 사람이라면, 태어날 때 입힐 옷과 병원에서 집으로 돌아올 때까지 필요한 물품 리스트를 이미 작성해놓았을 수도 있습니다. 당신 마음에 드는 물건들을 추가해서 리스트를 바꾸려고 하지 마세요. 충동구매의 기쁨을 누릴 시간은 나중에 얼마든지 있을 테니, 일단은 딸이 신중한 아기 엄마 역할을 수행할 수 있도록 지켜보세요. 형편이 허락한다면 '아기용품 꾸러미'를 준비하는 데 필요한 물질적 도움만 주는 것이 훨씬 낫답니다.

며느리와 함께 하는 아기용품 쇼핑은 좀 다릅니다. 며느리와 사이가 좋고 뜻이 잘 맞더라도, 쇼핑하면서 웃고 수다 떨고 공감을 나눌 권리는 일반적으로 친정어머니에게 우선적으로 주어집니다. 극성맞은 시어머니처럼 굴거나, 인자한 외할머니가 해야 할 몫까지 넘보려고 하지 마세요. 그럴수록 며느리의 신경이 곤두서고, 당신은 비호감 시어머니가 된답니다. 젊은 부부의 재정적 부담을 덜어주기 위해 당신이 뭘 할 수 있는지 아들 부부와 함께 이야기해보세요. 그러면 모두가 만족하게 될 겁니다.

이상적인 기본 아기용품 꾸러미

초기에 필요한 옷(0~1개월)

- 배내옷 6벌
- 수면조끼 4벌
- 소매 달린 니트나 카디건 3벌
- 양말 또는 덧신 4켤레
- 외출복 4벌(우주복, 아기 침낭, 멜빵바지, 조끼, 카디건)
- 태어난 계절에 따라 여름용 웃옷 또는 겨울용 우주복 1벌
- 천 모자 1개

목욕용품

- 목욕 가운 2벌
- 기저귀 매트 1개
- 기저귀 매트 커버 2개
- 목욕용품 세트(빗, 가위, 체온계, 베이비 로션) 1개와 케이스 1개

장난감

- 딸랑이 1개

- 인형 1개
- 모빌 1개

아기방
- 아기 침대 1개
- 수납장 1개
- 기저귀대 1개
- 아기 침낭 2개
- 시트 2개
- 바운서 1개
- 베이비폰 1개

외출용품
- 유모차 1대
- 카시트 1개
- 기저귀 가방 1개
- 이동식 침대 1개
- 아기띠 1개

보다시피 도움을 줄 기회가 무궁무진하니까 조급해하지 마세요. 안사돈에게 먼저 선택권이 주어지긴 하겠지만요.

대신 딸이건 며느리이건 간에, 예쁜 임부복 정도는 바로 선물해도 좋습니다!

07

하루하루 다가오는 만남의 순간

모든 할머니가 그렇지만, 일단 아기를 품에 안아봐야 진짜 할머니가 됐구나 하는 실감이 든답니다. 출산까지 몇 시간 또는 며칠이 남은 지금, 당신은 입이 바싹바싹 마르는 심정으로 그 순간을 초조하게 기다리고 있습니다. 병원에 제 시간에 도착할까? 무통분만 주사를 놓을 시간은 있을까? 아기는 무사히 태어날까? 분만할 때 겸자나 제왕절개가 필요할까? 재활 과정이 필요하게 되면 어떡하지? 아기가 나와서 빨리 숨을 쉬지 않으면? 이런 사이코드라마가 머릿속에서 끊임없이 펼쳐질 때쯤이면 아기가 태어나 당신의 날카로운 신경을 안정시켜주죠….

정상적인 아기가 태어나리라 예상하게끔 한숨 돌리는 차원에서, 무탈하게 지나온 9개월을 잠시 되짚어보도록 하죠. 곧 아기 엄마가 될 임신부는 밝고 침착한 모습이고, 예비 아빠는 환한 얼굴로 뱃속의 아기에게 말을 걸고 스마트폰을 배에 대면서 자신이 좋아하는 음악을 들려줍니다. 아기 방도 준비됐고, 병원 갈 때 가져갈 가방도 몇 주 전에 이미 다 싸놨고, 집안은 극도의 기쁨과 흥분에 싸여 있지요. 당신은 이리저리 돌아다니며 정리할 것도 없는 장을 또 정돈하고, 휴대폰에서 눈을 떼지 않은 채 먼 곳으로 외출하는 일은 되도록 피합니다. 매일 아침 오늘일까 기대하고 매일 밤 내일일까 생각하면서, 다음 달 보름날이면 아기가 태어나리라는 걸 직감하면서 그날만을 손꼽아 기다리죠.

초보 할머니가 될 준비를 하면서 며느리와의 관계가 더욱 긴밀해졌고, 키딜트에서 과연 제대로 된 아버지로 성장할 수 있을지 미심쩍었던 아들의 새로운 모습을 발견하기도 했습니다. 예비 할머니인 당신은 곧 태어날 아기에 대한 사랑의 감정에 서서히 젖어들게 됩니다. 그 사랑의 힘과 깊이에 대해 아직 한 치의 의구심도 없는 상태죠. 하지만 뱃속에서 나온 아기를 만나는 순간, 산모가 느끼는 강렬한 감정이 당신에게도 바로 느껴질 거라는 기대는 하지 마세요. 당신의 경우는 좀 다릅니다. 실제로 아기를 보면, 일단 정상적인 모습으로 태어났고 출산이 아무런 문제 없이 이루어졌다는 사실에, 드디어 두 다리 쭉 뻗고 잘 수 있게 되었다는 사실에 기뻐하게 됩니다. 그런 다음 당신이 직접 낳은 자식은 아니지만 당신의 핏줄인 조막만한 아기의 모습을 찬찬히 뜯어보면 빨갛고 주름투성이이긴 하지만 객관적(!)으로 봐도 천사처럼 예쁘다는 생각이 들고, 그때서야 비로소 눈에 눈물이 차오르지요.

니니의 경험담:
엘로디가 임신을 했어요, 내가 할머니가 된다고요!

"'엄마, 나한테 굴 먹으라는 말은 할 생각도 하지 마요. 나 임신했어요.'

우리 공주, 우리 예쁜이, 우리의 애교쟁이인 엘로디(37세)가 지난 8월 필라테스 강사를 다시 시작하기 전 노르망디에 쉬러 왔을 때, 내가 할머니가 될 거라는 소식을 이런 식으로 알려주더군요. 난 아무런 반응도 보이지 않았어요. 전혀요. 아무 말도 하지 않았어요. 질문도 하지 않았고, 흥분하지도 않았고, 눈물을 흘리거나 얼싸안아주지도 않았어요. 너무 갑작스러운 소식이라 온몸이 굳어버렸거든요. 엘로디가 워낙 직선적인 성격이지만, 별일 아니라는 듯 툭 내뱉는 그애의 말투 때문에 뭘 더 물어볼 수가 없었죠.

임신이 기쁘긴 한 건지? 남편의 반응은 어땠는지?

솔직히 '아직 때가 아닌데'라는 생각이 들었지만, 다행히 '나 배고픈데, 엄마 냉장고에는 먹을 만한 게 하나도 없네'라는 말에 묻혀버렸답니다. '그래, 애야, 톡소플라스마에 감염될 수 있으니 초밥이나 굴은 먹지 말고, 더 해로울 수 있

는 카망베르 치즈와 리바로 산 치즈, 퐁레베크 산 치즈(노르
망디 산이 최고죠)는 먹지 말아야 한단다.'

기분이 어떠냐고 물어볼까? 임신부가 겪는 모든 증상이 나
타나고 있다고 말하겠지. 임신한 지 한 달도 안 됐는데 계속
배고파하고 순대, 핫도그, 베이글을 엄청 먹어대더라고요.
생리가 이틀 늦어지는 바람에 임신 사실을 알았다고 했고,
마치 선택이 가능한 것처럼 산달이 8월이면 좋겠다고 생각
하고 있더군요(아이고, 애야… 이 엄마는 3월에 아이를 낳고 싶
었단다…. 그런데 넌 5월에 태어났잖니).

딸아이의 임신 사실을 내가 어떻게 받아들이고 있느
냐고요? 시원한 민트 캔디나 마카롱을 먹듯이 조금씩 음
미하고 있답니다. 혼자 운전할 때, 저녁때 방에서, '나만의'
해변에서 세상 사람들이 모두 들을 수 있도록(물론 3개월이
지나서였죠, 그 전에 그러는 건 금기니까요…) 큰 소리로 그 소
식을 알렸죠. 그리고 누가 '어떻게 지내요?'라고 물으면 '딸
아이가 임신했어요'라고 대답한답니다.

네, 음미하고 있어요. 내가 할머니가 되기 때문이 아니라,
엘로디가 엄마가 되니까요. 그 아이 인생에 아기는 없을 거
라고 생각해 기대조차 하지 않았던 만큼 더욱 음미하고 있

답니다. 조심스러운 문제이기도 하고, 그 아이 인생에 간섭하지 않기 위해 그 문제에 대해서는 한 번도 물어본 적이 없어요. 그저 딸이 아이 없는 인생을 살 권리도 있지만, 나이가 든 뒤 후회하지나 않을까 걱정이 되었죠. 속절없이 시간을 흘려버린 다음에 말이에요.

예정일을 2주 남겨놓은 지금도 딸아이의 임신 사실을 음미하는 마음에는 변화가 없지만, 음미만 하는 건 아니랍니다. 무엇보다 이것저것 걱정되는 일이 많더라고요. 첫 3개월 동안은 혹시 유산이라도 되면 어쩌나 불안했죠("3주 동안은 조심하지 않으면 유산될 수 있습니다!"라는 주치의의 말 때문에요). 9월에 한 초음파 검사에서 '새우'만한 게 보이더군요. 두 번째 초음파 검사에서는 아빠라 불릴 사람과 비슷하게 생긴 것이 보이고요. 새우가 아기 곰이 됐더라고요.

사진을 얼마나 많이 찍었는지 몰라요! 배에 손을 얹은 채 임신부 쿠션에 기대고 있는 딸아이의 옆모습 말이에요. 딸의 동의를 얻은 뒤 막달에 배를 드러내고 찍은 사진이 얼마나 소중한지 모릅니다.

지금 딸아이는 모든 준비를 끝냈답니다. 아기 방 장식, 아기 용품 준비, 일주일 전에 출산 조짐이 보이자 준비해놓은 출산 가방, 어린이집 등록까지요.

이름도 지어놨다네요. 그런데 아무한테도 알려주질 않아요, 심지어 나한테도요.

'내 속으로 낳은 딸아이가 엄마가 된다는 사실만으로도 나 자신이 자랑스럽고, 큰일을 해낸 것 같은 기분이 들어요.'[*]

나도 준비가 되었답니다. 무통분만이 탈없이 이루어질지 걱정되긴 하지만, 늘 아기 곰 생각뿐이에요.

'할머니가 되는 건 말 그대로 사랑에 빠지는 것과 같아서, 손주들이 태어나면 나이 들어 기력이 쇠하는 걸 오히려 막아주기도 하죠.'[**]

엘로디가 엄마가 돼요. 곰돌아, 할머니는 오래전부터 널 기다리고 있단다."

★ **편집자 노트** : 최근의 소식을 전하자면, 엘로디는 부활절 날 3.6킬로그램의 건강한 남자아이 릴리앙을 출산했습니다. 산모와 아기 모두 건강해서, 할머니가 드디어 두 다리 쭉 뻗고 주무시게 되었다죠. 사진기는 늘 준비되어 있고요!

[*] 클라리사 핑콜라 에스테스, 《할머니들의 댄스》(2007, 그라세 출판사).

[**] 위와 동일.

| 임신에서 출산까지의 기간에 일어난 중요한 에피소드들을 기록해보세요! |

6장

첫 만남은 종종 밤에 찾아옵니다!

ALLO MA CHÉRIE ?
TU SOUFFRES BEAUCOUP ?
TU VEUX QUE JE VIENNE
TE TENIR LA MAIN ?

"여보세요, 얘야?
많이 힘드니?
가서 손이라도 좀 잡아줄까?"

제발 두려워하지 마세요! 9개월 전부터 이 순간이 올 거라는 걸 알고 있었으니 진정하세요. 네, 곧 아기가 태어날 거예요. 자궁이 수축될 거라고요. 네, 병원으로 가겠죠. 몇 시간 뒤면 아기가 세상으로 나올 겁니다.

01 :

출발!

집안의 문이란 문은 다 열어놓은 채 시속 150킬로미터로 달려 병원으로 가야 할까요? 아니라고 대답하시는 게 좋을 겁니다. 출산의 기쁨을 누릴 권리는 젊은 부부에게 우선적으로 주어지는 만큼, 그 강렬한 순간에 초보 할머니가 차지할 수 있는 자리는 없다고 봐야 합니다. 출산하는 딸의 손을 잡아주러 가거나, 파랗게 질려 있는 아들을 안심시키러 가겠다고 사전에 약속하지 않았다면요.

초조한 마음을 억누르고, 다시 말해 흥분을 가라앉히고, 다음의 소식을 알리는 전화가 걸려오기만을 조용히 기다리세요.

① 아기가 태어났어요.

② 딸(혹은 아들)이에요.

③ 몸무게가 ○.○킬로그램이에요.

④ 산모는 건강해요.

⑤ 아기 이름은 알세스트 또는 이피제니에요. "아, 그래. 그 이름은 생각 못 했네"라는 반응은 보여도 되지만, 이름 자체

에 대해 좋다 나쁘다 왈가왈부하진 마시길.

그런 다음 포트와인 한 잔을 시원하게 들이켠 뒤, 드디어 아기가, 당신의 첫 손주가, 세상에서 가장 아름다운 선물이 탄생했음을 여러 사람에게 전광석화와 같은 속도로 알리세요.

02

아기와의 첫 만남

눈물을 글썽이고, 말을 더듬고, 감격에 북받쳐 몸을 떨고, 우물 거리듯 말하고, 첫 손주의 손도 제대로 잡아보지 못하다가, 산모가 당신에게 아기를 넘겨주면 그제야 조심스럽게 받아 품에 안고는 작은 이마에 가볍게 입을 맞추죠. 그제야 최고로 행복한 이 순간에 젊은 부부와 함께 기쁨을 나누고 싶은 생각이 들고, 인생의 중요한 순간에 느끼는 감동과 감사의 마음으로 그들을 안아줄 생각을 하게 됩니다. 당신의 가슴은 그 완벽한 기적에 대한 경이로움으로 가득하지만, 할머니로서 당신이 처음 보여주는 행동은 가벼운 토닥임과 세심함입니다. 아기의 조그마한 손가락을 세어보고, 귀와 코를 확인해보고, 오만상을 찌푸린 아기의 얼굴을 보면서 앞으로 얼마나 예뻐질지 점쳐봅니다. 그런데 아기는 누구를 닮았나요?

'닮은 부분 찾기' 게임

아기가 태어나면 식구들과 조금이라도 닮은 부분이 있는지 몰래 살피게 되는데, 그건 아주 자연스러운 현상입니다. 손주가 태어나자마자 저쪽 집안 사람들을 닮았다고 생각하고, 이쪽 집안의 자랑이 될 만한 점이라고는 찾아볼 수 없기를 바라는 할머니가 어디 있을까요? 아마도 당신 역시 아기가 다음의 부분을 닮았기를 바랄 겁니다.

- 엄마의 눈
- 아빠의 코
- 할아버지의 입모양
- 할머니의 턱, 손, 이마
- 그 밖에 당신 쪽 집안 계보도의 마지막 가지가 싹을 잘 틔웠음을 증명하는 일체의 특징들.

어느 쪽을 많이 닮았을지 확률은 50:50이니 당장이라도 예측해볼 수 있지만, 예를 들어 90:10으로 심하게 당황스러운 경우가 발생한다면 받아들이기가 쉽지 않겠죠. 하지만 안심하세요! 그런 경우는 유전적으로 불가능하니까요. 분홍색이나 파란색 모자를 쓴 꼬마 스머프가 당신을 닮은 곳이 한 군데도 없더라도 나중에 성격이나 취향 면에서 닮은 점이 나타날 것이고, "어쩜 이럴 수가 있지? 얘가 날 아주 쏙 빼닮았어!"라고 기뻐하며 말할 수 있는 날이 반드시 올 겁니다.

손주는 누구를 닮았나요?

- 눈 –
- 입 –
- 코 –
- 턱 –
- 손 –
- 미소 –

-
-
-
-
-
-

출산 선물

그렇게 기쁜 날 선물 하나 없이 병원 문을 들어선다는 건 당신에게는 상상도 할 수 없는 일이겠죠. 그렇게 생각하지 마세요. 산모의 친구나 사촌들이 신기한 아기용품과 인형을 사는 데 마구 돈을 쓰는 기쁨을 만끽하도록 내버려두세요. 옛날에는 아기 부모들이 좋아했지만 이제는 완전히 유행이 지나버린 수놓은 턱받이, 식기 세트, 은제 컵과 그릇을 준비할 생각은 하지도 마세요.

그보다 훨씬 값진 선물을 준비하세요. 첫 몇 주 동안 얼마나 피곤할지 아직은 잘 모르는, 막 아기 부모가 된 젊은 부부를 위한 휴식 말이에요.

이 선물을 위해 당신은 다음과 같은 선택을 할 수 있습니다.
- 부부가 늦잠을 잘 수 있도록 일주일에 한 번 아기 봐주기
- 부부가 애정 회복을 위해 여행을 떠날 수 있도록 일주일간 아기 맡아주기
- 출산 후 산모가 일주일간 산후 마사지를 받을 수 있게 해주기. 조금 비싸긴 하지만 확실한 선물로, 산모가 당신에게 무척이나 고마워할 겁니다.

이런 조언에도 불구하고 뭔가 더 세심한 관심을 표하고 싶다면, 몇 가지 독특한 아이디어가 있습니다.
- 아기의 별자리 이야기
- 아기 이름에 따른 별자리

- 초콜릿으로 만든 꽃다발
- 디지털 탄생일기
- 탄생일의 TV 뉴스
- 아기를 위한 마사지 미니 스파
- 병 속에 넣은 아기 탄생 카드

| 당신의 아이디어 |

모두를 깜짝 놀라게 해주고 싶다면…

병원에 갈 때 특별한 정보를 준비해서 초보 할머니로서 첫 성공을 맛보는 것도 나쁠 것 없겠죠. 그 정보는 다름 아닌 별자리로 보는 아기의 성격!

자료만으로는 부족하다 싶으면, 조그만 액자에 내용을 프린트해서 담거나 아기를 위한 탄생노트에 적어주세요.

양자리(3월 21일~4월 20일)

정열적이고 활달하고 독립적이고 호전적이고 활동적이며 용감하고 자기중심적입니다. 대담하고 힘과 의지가 넘치는 것이 특징입니다. 양자리 아기는 적극적이고 에너지가 많으며, 충동적이고 저돌적인 면이 있습니다. 지나치게 능동적이고, 때때로 말 그대로 '머리부터' 들이미는 경향이 있습니다. 몸에 혹과 멍이 가시지 않을 수도 있습니다. 열정적이고 신념이 강해서 일을 주도적으로 처리하고, 친구들로부터 인정받기를 바라며, 대장 노릇 하는 걸 좋아합니다.

황소자리(4월 21일~5월 21일)

수동적이고 협조적이고 창조적이며, 편협하지 않고 상냥하고 정이 많고 합리적이고 너그럽고 강인하고 사회적입니다. 황소자리 아기는 감각적이고 물질주의자이기 때문에,

자신이 소유할 수 있고, 맛볼 수 있고, 만질 수 있고, 사용해 볼 수 있는 것을 좋아합니다. 손재주가 뛰어나 눈으로 보고 감상할 수 있는 것들을 만들어내기를 좋아하지요. 익숙한 것에서 안정감을 느끼기 때문에 변화를 그리 좋아하지 않습니다. 정이 많고 관대합니다.

쌍둥이자리(5월 22일~ 6월 21일)

행동이 빠르고, 말하기를 좋아하고, 머리가 좋고 재치 있고 솜씨 좋고 논리적이고 적응력이 뛰어납니다. 의사소통에 타고난 소질이 있으며, 시끄러운 수다쟁이가 되어 주변 사람을 피곤하게 만들 수도 있습니다. 다양한 것에 흥미를 느끼며, 지금 하고 있는 일보다 다음에 할 일에 더 재미를 느낍니다. 에너지가 넘쳐서 움직임이 빠르지만, 주의력이 금방 흐트러지기 때문에 빨리 싫증을 냅니다.

게자리(6월 22일~7월 23일)

정이 많고 보호본능이 있으며, 친절하고 주의력 깊고 생기 있고 이해심 많고 습관적으로 하는 일들을 좋아합니다. 게자리 아기는 감성적이라서, 주로 감정을 통해 학습이 이루어집니다. 선생님과 사이가 좋으면 그 과목은 공부를 더 잘합니다. 다른 사람들과 곧잘 의사소통을 하지만 가족 안에서 안정감을 느끼기를 바라고, 일상적으로 반복되는 일들을 좋아합니다. 불안하다 싶으면 곧바로 껍질 속으로 숨어버립니다. 너그러우며 타인을 도우려고 애씁니다.

사자자리(7월 24일~8월 23일)

열광하는 성격이고 타인을 잘 감동시키며, 로맨틱하고 활동적이고 너그럽고 용감하고 열정적입니다. 사자자리 아기는 자신의 모습 그대로를 두려워하지 않으며, 자기가 얼마나 멋있는지 다른 사람들에게 보여주기를 좋아합니다. 엄청난 에너지를 갖고 있기 때문에 주목받는 예술가가 될 수 있습니다. 발랄하고 너그럽지만 마음속으로는 인정받고 싶어하며, 창의력이 있고 그 창의력을 다른 사람들을 위해 쓰길 좋아합니다. 충실한 친구이며 투사여서 무엇을 하든 진심을 다합니다.

처녀자리(8월 24일~9월 23일)

머리가 좋고 유능하며, 비판을 잘하고 세심하고 정확하고 체계적이고 성실하고 겸손합니다. 처녀자리 아기는 치밀하고 세부에 대한 감각이 탁월하지만, 중요한 것이 무엇인지를 가르쳐줘야 합니다. 청결하고 정리정돈을 좋아하지만 예민해서 음식에 까다로운 아이가 될 수도 있습니다. 재미있는 일을 하길 무척이나 좋아하고, 거절당하는 걸 힘들어합니다. 호기심이 많고 모든 것을 알고 싶어해서 배움에 푹 빠져들 준비가 되어 있습니다.

천칭자리(9월 24일~10월 23일)

탐미주의자이며 정이 많고 협조적입니다. 편협하지 않고 정당하고 사회성 있고 공정한 것을 좋아합니다. 아름다운 것을 좋아하며 편안함을 추구합니다. 불화와 불평등을 참지 못해 종종 사람들을 화해시키고 중재하는 역할을 합니다. 모든 사람을 만족시키려 하기 때문에 때로는 우유부단해 보이기도 합니다. 공정하고 솔직하며, 남에게 상처 주는 일을 하지 않지만, 한번 시작한 일은 끝을 봅니다. 안정감을 좋아하고 다른 사람들과 함께하길 좋아하며, 충실한 친구이고 투사 기질도 있습니다.

전갈자리(10월 24일~11월 22일)

잠재적 능력이 풍부하고 다른 사람에게 영향을 미치며, 비밀스럽고 충실하고 감수성이 예민하고 신비롭고 열정적이고 분석 능력이 뛰어납니다. 전갈자리 아기는 속이 깊으며 속마음을 잘 드러내지 않습니다. 무엇보다 감정적인 기억에 절대 사로잡혀 있지 않습니다. 생각이 많은 비밀스러운 아이입니다. 이 아이에게는 전부 아니면 아무것도 아니기 때문에, 중간이란 있을 수 없습니다. 자신이 알지 못하는 사람을 불신하기도 하지만 일단 관계가 성립되면 오랫동안 유지하며, 다른 사람들도 자기와의 관계에서 그러기를 바랍니다.

사수자리(11월 23일~12월 21일)

낙관적이고 상대방에 대한 기대가 크며, 유쾌하고 인자하고 관대하고 공의롭고 자유스럽고 철학적이고 장난기가 많고 활동적입니다. 사수자리 아기는 에너지가 넘쳐 부산스럽습니다. 목표를 향해 돌진하기는 하지만 늘 인내의 열매를 거두는 것은 아닙니다. 명랑하고 낙관적이지만, 때로는 상대방에게 지나치게 기대하는 경향이 있습니다. 친구들에게 너그러워서 계산하지 않고 나눠줍니다. 용감하고 모험을 좋아합니다. 식탐이 좀 있지만 스포츠에 대한 사랑으로 보완할 수 있습니다.

염소자리(12월 22일~1월 20일)

정리를 잘하고 태도가 분명하며, 끈기 있고 친절하고 꼼꼼하고 단호하고 책임감 있고 신중하고 세심합니다. 영어 속담을 빌리자면 '젊은이의 어깨 위에 늙은이의 머리가 얹혀 있다'고 할 정도로 무척 신중합니다. 끈기가 있어서 목표를 이루기 위해 노력을 아끼지 않습니다. 야심가여서 열심히 일하는 걸 두려워하지 않습니다. 머릿속에 생각이 일목요연하게 정리되어 있어서, 격려만 받는다면 상상력과 낙관론을 발휘해 좋은 성적을 거둘 수 있습니다. 칭찬을 좋아하고, 자신의 노력에 대해 지지받는 것을 좋아합니다.

물병자리(1월 21일~2월 19일)

개인적이고 독특하고 엉뚱하고 극단적이고 반항적입니다. 격식을 싫어하고 경험 쌓기를 좋아하며, 상상하기를 좋아하고 정해진 것을 참지 못하고 혁신적이고 독립적입니다.

물병자리 아기는 정말이지 독특합니다. 타고난 혁신가이며, 누군가를 따라 하려고 하지 않습니다. 정보를 빠르고 열정적으로 흡수하므로, 엄격하지 않은 분위기 속에서 이루어지는 학습을 좋아합니다. 또래 친구들보다 학습 속도가 빠르기 때문에 욕구불만을 보일 수 있습니다. 혼자 할 수 있는 일에 대해 인정받고 칭찬받는 걸 좋아합니다. 본인의 자유와 독립을 중요하게 생각합니다.

물고기자리(2월 20일~3월 20일)

상상력이 풍부하고 정이 많으며, 사람을 끄는 힘이 있고 희생정신이 있고 몽상가이고 신비주의자이고 동정심이 많고 직관적이고 발랄합니다. 주위 사람들에게 관심이 많으며 기꺼이 도와줍니다. 상냥하고 정이 많으며 다른 사람과 쉽게 동화되기 때문에 그런 성격을 이용하려 드는 사람도 있습니다. 풍부한 상상력으로 뛰어난 예술작품을 탄생시킬 능력이 있습니다. 이야기를 좋아하는 몽상가이자 예언자입니다. 낭만적 경향이 있지만, 음악과 예술로 미적 욕구를 채운다면 때때로 현실로 다시 돌아갈 수도 있습니다.

Note

7장

3개월,
초보 할머니로서의 첫걸음

당신이 얼마나 침착한지, 그리고 할머니라는 존재가 아기에게 얼마나 필요한지 증명해 보일 때가 마침내 되었습니다. 젊은 부부는 할머니로서 당신의 위치에 이의를 제기하지는 않지만, 당신이 아기에게 정말로 유용한 존재인지에 대해서는 아직 미심쩍어하거든요(물론 당신은 유용한 존재지요, 두고 보세요!).

01

퇴원, 가족 모두에게 엄습해오는 공포!

아기를 품에 꼭 안고 병원 문을 나서던 순간, 갑자기 무거운 책임감이 어깨를 짓누르던 순간을 떠올려보세요.

달라진 것은 아직 아무것도 없지만, 병원에서 아기를 데리고 나와 집이라는 작은 둥지에 도착할 때까지 온갖 두려움과 이런저런 의구심이 들고 예상치 못한 상황이 발생할 수 있다는 걸 염두에 두세요. 이제야말로 당신의 경험과 담대함이 얼마나 유용한지 보여줄 때랍니다! 아기는 울어대고, 토하고, 먹지 않고, 배고파하고, 설사하고, 변비 증상을 보이고, 밤에 잠을 못 자고, 뾰루지가 생기고, 콧물을 흘리고, 두피가 일어나고, 배가 아픈 것처럼 온몸을 비틀고, 눕는 걸 싫어하고, 어둠 속에 있는 걸 싫어하고, 물이 닿는 걸 싫어하고… 등등 신생아가 보이는 모습은 빠짐없이 보여주죠. 초보 할머니, 당신의 귀한 조언이 필요한 때입니다. 그러니 이제 일을 시작해볼까요?

초보 엄마 아빠가 밤낮으로 당신에게 전화를 걸어댈 때쯤이면, 당신이 그렇게 초보만은 아니라는 기분이 들 거예요.

아기가 울어요

아기는 하루 1시간에서 3시간 정도 운답니다. 그것이 자신의 불만을 알리는 방법이죠. 배가 고파서, 춥거나 더워서, 기저귀가 찜찜해서, 단지 어리광을 부리고 싶어서… 울 수도 있습니다. 아직은 울어도 그냥 내버려두는 '훈육' 과정이 필요한 때가 아닙니다. 아기가 울면 안아서 달래고, 이리저리 움직이고, 마사지를 해줘야 합니다.

아기가 잘 먹지 않아요

모유를 먹건 분유를 먹건 간에 양을 정하는 건 아기 자신입니다. 배불러할 때는 억지로 더 먹이려고 하지 마세요. 물론 아기가 배가 고픈지 아닌지는 알아야겠죠. 자는데 깨워서 젖이나 분유를 줄 필요는 없습니다. 밤에 배고파한다고 평소보다 많이 주거나, 저녁에 마지막으로 먹이는 시간을 늦출 필요도 없고요. 그런다고 해서 밤에 자다 깨거나 깨지 않는 습관이 바뀌지는 않으니까요.

아기가 배가 고픈가봐요

아기가 분유를 먹는 경우라면 양을 확인해봐야 하고, 양에 문제가 없다면 우유를 좀 더 먹여야 하는 건 아닌지 소아과 전문의와 상의해보세요. 모유를 먹는 경우라면, 아기가 더 이상 먹지 않을 때까지 내버려두는 것이 가장 좋습니다. 아기가 알아서 양을 조절할 테니까요!

아기가 토해요

처음 몇 달 동안 아기가 구토를 하는 경우가 굉장히 많은데, 피하는 방편이 있습니다. 우선은 구토방지 분유와 꼭 맞는 젖꼭지를 사용합니다. 젖병 안에 분유 덩어리가 생기지 않게 하고, 먹인 뒤에는 아기를 똑바로 세우고 가만히 잡아줍니다. 그래도 아기가 계속 토하면 소아과 전문의에게 역류방지 치료를 요청합니다.

아기가 변비에 걸렸어요

모유만 먹는 신생아가 변비에 걸리는 경우는 아주 드뭅니다. 변비는 분유를 먹는 아기들에게 더 흔하게 나타나는 증상이죠. 이런 경우에는 아기의 다리를 자전거 타듯이 움직여주고 물이나 희석한 프룬 주스를 먹이되, 일단은 소아과 전문의와 상의합니다.

아기가 설사를 해요

때때로 구토 증상을 동반하는 묽거나 물 같은 형태의 대변은 대부분 박테리아, 바이러스에 의한 감염이나 식품 부작용에 의한 것입니다. 아기가 구토를 하면, 먹는 양을 줄이고 횟수를 늘려야 합니다. 분유를 먹이는 경우라면, 분유 먹이는 시간을 줄여야 합니다. 모유나 분유를 먹는 사이에 전해질 용액을 마시게 해서 탈수를 예방합니다. 그래도 문제가 해결되지 않으면 소아과 전문의를 찾아갑니다.

아기가 밤에 잠을 못 자고 부모도 그래요

잠을 편히 못 자고, 중간에 자꾸 깨고, 새벽에 깨고… 신생아와 함께 보내는 첫 몇 주 동안은 어떤 식으로든 휴식을 취하는 것이 거의 불가능합니다. 아기 네 명 중 한 명은 1년이될 때까지 밤마다 한 번 이상 깹니다. 밤에 깨지 않고 자게 하려면, 낮에 환했던 방을 조금 어둡게 해주어 낮과 밤을 구별하는 법을 가르쳐야 합니다. 아기들이 흔히 그러듯 해가 저물때쯤 울어대는 버릇이 있다면, 따뜻한 물로 간단히 씻긴 뒤배 위에 올려놓고 조용히 쓰다듬어줍니다. 젖병을 물리거나 장난감을 주면 사태가 더 악화될 수 있으므로 절대 주지 마세요! 울음이 길어지는 듯하면, 어두운 방에 혼자 남겨두어 스스로 흥분을 가라앉힐 수 있게 합니다. 네, 물론 그러려면 강한 자제력과 냉정함이 필요합니다!

아기가 열이 나요

체온이 37.8℃가 넘으면 열이 있는 겁니다. 집안이 너무 덥지는 않은지 확인하고, 필요한 경우 통풍을 시켜야 합니다. 규칙적으로 물을 마시게 하고, 내의와 기저귀만 남기고 옷을 벗긴 후 소아과 전문의의 처방만큼 해열제를 먹입니다. 체온이 38.5℃를 넘어가면 병원으로 데리고 가서 신속하게 대처하는 것이 바람직합니다.

몸에 붉은 반점이 생기고, 아기가 가려워하고 기타 등등…

엉덩이 반점, 신생아 뾰루지, 아토피, 습진, 각질, 부스럼, 푸른 점 등 신생아에게 나타나는 피부 관련 증상은 끝이 없지만, 위생관리를 철저히 하고 적절한 치료를 받는다면 걱정할 필요가 없습니다.

아기의 몸이 노래요

신생아의 절반 이상이 태어날 때 몸이 노랗습니다. 이것은 특별한 현상이 아닙니다. 이제 막 기능을 시작한 간이 빌리루빈을 제대로 배출하지 못하는데다, 제거해야 하는 헤모글로빈의 양이 많아져서 그런 거랍니다. 생리적 황달이라 불리는 이런 '황달'은 일주일 이상 지속되지 않으며, 그냥 놔두면 괜찮아집니다. 그러나 황달이 일주일 이상 지속되는 경우에는 병리학적 황달일 수 있으니, 반드시 의사의 진찰을 받아야 합니다.

아기가 딸꾹질 때문에 힘들어해요

아기들에게는 매우 흔하게 나타나는, 전혀 특별할 것 없는 현상입니다. 딸꾹질이 1시간 동안 멈추지 않을 수도 있습니다. 그럴 때는 아기를 안은 채 왔다갔다하고 흔들어서 진정시킵니다. 임시방편으로 맹물이나 설탕물을 조금 먹여줍니다.

아기가 배가 아파서 괴로워해요

젖먹이의 복통은 보통 해가 질 때쯤 찾아옵니다. 모유나 분유를 먹일 때 똑바로 세운 자세로 먹이고, 통증이 시작되기 약 1시간 전에 실온 정도의 마사지 로션이나 오일 몇 방울을 손에 묻혀 시계 방향으로 배를 부드럽게 마사지해주되, 먹은 것을 소화시키는 시간은 피하는 것 외에 다른 조치는 없습니다.

다른 방법: 끓여서 식힌 물 20밀리리터에 찻숟가락 1/2 분량의 가루설탕을 녹인 뒤, 약국에서 구입한 주사기에 넣어서 아기의 입 옆으로 흘려넣어 마시게 합니다.

아기가 잠자리에 눕는 걸 싫어해요!

그러게 말이에요. 아기 입장에서는 잠이라는 것이 엄마 아빠가 다른 곳으로 가버리고 혼자 침대에 남게 되는 것임을 금세 눈치 챈 거랍니다. 그러니 잠자리에 들기 전에 인형을 주고, 모빌을 돌려주고, 램프를 켜고, 음악을 틀어주고, 자장가를 불러주고, 부드럽게 말을 건네는 등 준비 단계를 거쳐야 합니다. 이런 자잘한 준비 과정을 통해 아기는 빠르게 안정을 되찾게 되고, 밤에 혼자 남는 걸 무서워하지 않게 됩니다. 하나 더 말씀드리자면, 아기를 엎드려 재워야 한다고도 했고, 옆으로 뉘어 재워야 한다고도 했으나, 오늘날의 의사들은 반듯하게 눕혀 재워야 한다고 주장하고 있답니다. 소아과 전문의와 상의할 필요는 있겠지만, 아기가 어떤 자세를 좋아하는지 알아보는 것도 잊지 마세요!

02

폭풍이 지나간 후의 평온함

젊은 부모가 자신의 역할을 이해하고 상황에 대처하는 법을 배우는 데는 사실 그리 많은 시간이 필요하지 않습니다. 며칠만 지나면 침착해지고, 당신도 산모의 퇴원 후 엄습해오던 스트레스에서 벗어나게 되지요. 그러고 나면 할머니의 역할은 소위 '버릇을 잘못 들이는 단계'로 진입하게 됩니다. 아기를 어르고, 안아주고, 뽀뽀하는 등 난리가 날 텐데, 한 가지 조언을 하자면, 요즘에는 아기가 태어났을 때 목욕, 수유, 산책 등을 가능한 한 당신도 함께하겠다고 아기 부모에게 분명하게 의사를 밝혀야 한다는 겁니다.

왜냐고요? 출산의 순간이 지나가면, 아기 부모는 자기들만의 세상에 갇혀 당신도 손주와 함께 시간을 보내고 싶어한다는 생각을 하지 못하기 때문이지요. 나쁜 의도에서 그러는 게 아니라, 자기들의 행복에 젖어서 거기까지는 생각이 미치지 못하는 거죠. 그러니 매순간을 장악하려 하지 말고, 아무 때나 들이닥치지 않으면서, 당신도 아기가 커가는 과정을 보고 싶다는 걸 알리세요.

어쨌거나 이제부터 아이가 청소년이 될 때까지 손자나 손녀를 보고 싶다고, 그러니 아이를 집에 데리고 오라고, 아이를 보러 가겠다고, 당신 집에 며칠 있다 가라고 종종 '주장해야' 된다는 걸 잊지 마세요. 이런 소중한 순간들은 기득권으로 행사할 수 있는 특권이 아니라 완강히 투쟁해야만 얻어낼 수 있는 것입니다. 아기 부모가 맞벌이를 할 경우에는 자기들도 아이와 시간을 보내고 싶어할 테니 더욱 그렇습니다. 그러니 초반에 이런 주장을 하는 것에 익숙해져야 합니다.

03 :

당신은 어떤 할머니가 될까요?
걸스카우트 단장? 소방관? 구세주? 요정?

오늘 당장 이 문제에 대해 생각해보세요! 아기가 태어나 당신 품에 안겨 있고, 다른 누구도 아닌 당신에게 처음으로 미소를 지어 보이고 있습니다. 적어도 당신의 눈에는 그렇게 보인다는 얘기죠.

늙은이로 비치던 옛날 할머니의 사명은 더이상 통용되지 않습니다. 이제는 아이의 삶에서 어떤 역할을 하고 어떤 도움을 줄 것인가를 생각해야 할 때입니다. 물론 불가능한 일을 해낼 의무는 없으며, 앞에서도 말했지만 완벽한 할머니란 존재하지 않습니다. 자신의 개성, 자기 삶의 방식, 어린 시절을 바라보는 시각에 따라 자기가 줄 수 있는 만큼 주려고 최선을 다할 뿐이지요.

| '어떤 할머니?'게임 |
아래 할머니 유형 중에서 당신은 어디에 속하는지 한번 알아보세요.

- **수호자 할머니**: 자신의 삶을 다른 이들을 위해, 특히 자식과 손주들을 위해 봉사하는 데 씁니다. 자신을 위해 뭔가를 하는 경우는 거의 없으며, 아기 부모의 자율권을 침해하지 않을까 우려하면서 자신의 힘과 재능을 티나지 않게 계산 없이 사용합니다. "필요로 할 때 있어주고 필요로 하지 않을 때는 있지 말라"고 한 소아과 의사 겸 정신분석학자 프랑수아즈 돌토의 황금법칙을 따릅니다. 헌신적이고 찬양받을 만하며 감탄할 만한 유형으로, 현재 우리 주위의 할머니들 중에서 드물지 않게 볼 수 있습니다.

- **소방관 할머니**: 수호자 할머니의 변형이라 할 수 있습니다. 자식과 손주들을 위해 언제든 시간을 할애하는 할머니로, 문제가 생기면 부리나케 달려와 집안일을 봐줍니다. 집안일에는 아주 효율적인 스타일이지요. 이 유형의 할머니가 왔다 가면 떨어졌던 단추가 다시 달려 있고, 바닥이 깨끗하게 닦여 있으며, 빨래는 다림질되어 있고, 아이들은 완벽하게 샤워를 마친 상태가 됩니다. 모든 것을 깨끗하게 정리해버리는 회오리가 한 차례 지나갔다고나 할까요? 일반적으로 이런 할머니는 직장을 다니지 않고

손주 돌보는 걸 아주 좋아합니다. 완벽주의자이기 때문에 자신이 한 일에 대해 잘했다는 말을 들어야 안심합니다.

- **걸스카우트 단장 할머니**: 활동적이고 열정적인 부류의 할머니입니다. 손주가 많이 생기기를 꿈꾸고, 손주들과 함께 스키를 타고 트래킹도 하고 피크닉도 가고 탐험을 떠나고 사막으로 여행을 하고 낙타도 타보는 꿈을 꿉니다. 손주들을 데리고 다니며 자연이든 미술이든 과학이든 문화든 온갖 종류의 새로운 것들을 보여주길 좋아합니다.

- **요정 할머니**: 환상을 마음껏 발휘해 동화 속 메리 포핀스처럼 신비로운 세계 속으로 손주들을 데리고 다니며 끊임없이 황홀하게 만듭니다. 아이들과 함께 유년기의 마법 같은 세상에 푹 빠져서 아이들과 함께 놀이를 즐기고 작은 비밀을 공유합니다.

- **만능 할머니**: 강렬한 존재감을 갖고 있는 이 유형의 할머니는 딸이나 며느리보다는 손주들에게 더 사랑받습니다. 어떻게 하면 아이를 잘 돌볼 수 있는지, 무엇을 먹여야 하는지 며느리보다 더 잘 알고 있습니다. 물론 요리 솜씨는 따라올 자가 없죠. 최고의 훈육방법을 알고 있습니다. 적어도 본인이 확신하는 한에서는 말이죠. 게다가 손주가 자신을 필요로 한다고 판단되면, 그 아이가 딸이나 며

느리의 자식이라는 걸 종종 잊어버리기도 합니다. 이런 행동은 친손주보다는 외손주 쪽에 더 잘 받아들여지죠. 며느리의 입장에서는 대개 이런 할머니에게 반감을 갖게 돼서, 심각한 분란이 일어나고 사이가 멀어지는 상황이 발생하기도 합니다.

● **보모 할머니**: 다시 말해 엄마 역할을 대신 해주는 할머니입니다. 부모처럼 손주들을 양육합니다. 아이 부모가 이혼했거나 아이를 돌볼 시간이 없는 등 상황 때문에 그렇게 되는 경우가 많습니다. 결정권을 행사하려는 만능 할머니와는 달리, 이 유형의 할머니는 손주들의 교육에 까지 관여하고자 하지는 않으며, 어쩔 수 없이 상황을 견뎌 나가는 유형입니다. 성심성의껏 역할을 수행하고 거기서 실제로 만족감을 찾는 경우라도 말입니다. 쉽지 않고 민감한 상황이지요.

● **어정쩡한 할머니**: 이 유형의 할머니는 손주와 '적당한 거리'를 유지하려고 합니다. "내가 필요하면 말해다오. 하지만 내가 필요 없어도 괜찮아! 나에겐 다른 일이 있으니까"라는 식으로 너무 멀지도 가깝지도 않게 거리를 유지하지요. 하지만 항상 그런 거리를 유지할 수 있는 건 아니랍니다. 이런 할머니들은 대부분 존재감이 별로 드러

나지 않는데, 손주들과 멀리 떨어져 살거나, 일을 하거나, 다양한 활동으로 늘 바쁘거나, 손주들을 자주 만나기가 쉽지 않기(혹은 불가능하기) 때문입니다(사돈 식구들, 젊은 부부의 생활 패턴, 어린이집 시간 등이 원인이지요). 이런 거리에도 불구하고, 편지, 전화, 인터넷을 통해 규칙적으로 연락하거나 만났을 때 재미있게 지냄으로써 손주들과 강한 정서적 유대감을 형성합니다. 손주들을 위해 어떤 활동을 해야 하는지 자연스럽게 알기보다는 자신의 역할에 대해 고민해서 채워넣는 식입니다. 주변에 의견을 물어보고, 선물과 장난감을 잔뜩 준비하지요. 관계가 서서히 형성되고, 손주 쪽에서 기여하는 바가 상당히 큽니다.

- **왕비마마 할머니**: 거리감이 느껴지는 유형의 할머니로 손주들과 거의 의사소통을 하지 않지만, 가족 내에서 갖고 있는 위치는 확고합니다. 손주들한테는 신화적인 존재나 먼 인물로 느껴지지요. 이런 유형은 과거의 할머니들에게서 많이 찾아볼 수 있지만 오늘날에도 전통적인 집안이나 조부모의 형식적 모델이 유지되고 있는 문화에서는 여전히 찾아볼 수 있습니다. 이런 할머니는 손주들과 관례적인 관계를 벗어난 교류는 거의 하지 않으며, 개인적으로 관계를 형성하려고 노력하지도 않습니다. 그래도

가족이라는 울타리 안에서 존재감은 큽니다.

- **전혀 준비 안 된 할머니**: 할머니가 될 준비가 되어 있지 않다고 서슴지 않고 말하는 여성들도 있습니다. 이런 유형의 할머니들은 단호하게 거리를 두면서 손주 돌보기를 원치 않죠. 자녀를 다 키워놨으니 이제 자신은 육아에서 벗어났다고 생각합니다. 숙제를 다 끝냈다고 느끼며, 자신과 남편에게 전념하고 자기만의 시간을 갖기를 원합니다. 자녀가 아기를 출산할 때 '옆에 있어주지' 않거나 아기 부모가 도움을 청해도 응하지 않습니다. 여자로서 성숙한 자신의 모습을 즐기길 원합니다. 요컨대 손주의 탄생은 여성의 지위에 '가시적' 변화를 가져오는 사건이라고 봐야겠죠.

당신에게 해당되는 유형이 하나도 없다고요? 아, 그렇다면 축하할 일이네요! 당신은 그 어디에도 속하지 않는 익살스럽고 엉뚱하고 극단적인 할머니입니다. 자기가 숨겨둔 보물을 손주에게 몽땅 내주고, 손주가 좀 더 자란 후에, 어쩌면 당신이 더이상 이 세상에 없을 때 꿈에도 잊지 못할 추억을 만들어주기 위해 최고 또는 최악의 일을 해줄 수 있는(그러나 역시 최고의 일을 해줄) 할머니이세요.

할머니 일기

추억을 만들기 위해서는, 당신의 추억에 대해서도 생각해야 합니다. 시간은 쏜살같이 흘러가버리는데다, 아이의 유년기는 하루가 다르게 경이로움을 제공하니까요. 잊지 못할 이런 순간들을 간직하고 싶다면, 지금부터라도 당신만의 할머니 일기를 만들어보세요.

노트나 파일을 하나 장만해서 아기와 관련된 사건, 당신이 느낀 기쁨을 모두 기록하세요. 사진 또는 그림을 곁들이고, 날짜도 기록합니다. 나중에 기억을 되살리는 데 중요하니까요. 그리고 나중에 아이가 이 일기장을 볼 때 느끼게 될 감정을 생각하면서 사랑과 응원의 말을 잔뜩 달아두세요. 이 일기장은 당신과 아이 둘만의 사랑에 대한 증거로 영원히 남을 테니까요. 가능한 한 정기적으로 일기를 쓰도록 하세요. "기대하시라, 개봉박두!"라는 당신의 말을 모두가 비웃는 한이 있어도, 컴퓨터에 저장해놓고 쳐다보지도 않는 디지털 사진 말고 종이 사진을 뽑아서 원하는 만큼 꾸며보세요. 진짜 종이에 진짜 펜으로 써야만, 매우 개인적인 이 일기가 소파에 기대앉아 과자를 먹으며 함께 넘겨볼 만한 가치를 갖게 된답니다.

| 당신만의 할머니 일기를 만들고 꾸미기 위한 아이디어! |

8장

3개월이 지나고
이제는 진짜 할머니!

"올해의 할머니상"

3개월 전 주름투성이이던 신생아와 지금 눈을 크게 뜨고 환하게 미소 지으며 옹알이를 하는 귀여운 아기 사이에 공통점이라고는 거의 찾아볼 수 없습니다. 아기를 안아볼 엄두조차 내지 못한 채 병실에서 발소리를 죽이며 걷던 초보 할머니와 희색이 만면하고 행동 하나하나에 자신감이 넘치는 할머니가 된 지금 당신의 모습 사이에도 공통점을 찾아보기 어렵답니다.

01 :

할머니한테 웃어보렴!

손주와 가까운 곳에 살면서 정기적으로 왕래를 하고 있다면 손
주는 당신의 모습과 목소리를 인지하기 시작할 겁니다. 딸랑이
를 가지고 놀아줄 때, 간지럼을 태울 때 무척이나 좋아하는 그
아이의 웃음소리를 들으면 그렇게 행복할 수가 없지요. 아이
와 멀리 떨어져 있어서 자주 보지 못하더라도, 슬픈 일이지만
미안해하지는 마세요. 아이는 당신 모습을 잘 기억하고 있다가
다시 만나 목소리를 들으면 온몸으로 기쁨을 표현할 테니까요.

매일 스카이프Skype로 나누는 까꿍 대화

만약 15년 전에 언젠가는 컴퓨터로 기쁨을 전할 수 있는 날
이 올 거라는 말을 들었다면, 아마 당신은 박장대소하며 "그
럴 리가!"라고 말했을 겁니다. 당시에는 컴퓨터가 매일 사용
하는 찻잔 같은 것이 아니었으니까요. 하지만 15년이라는 시
간 동안 당신도 생각이 바뀌었을 겁니다. 직업적인 이유든, 아
니면 세상의 흐름에 뒤처지지 않기 위해서든 말이죠. 어쨌거
나 아주 잘 하신 겁니다. 지금은 지구상 어디에 있든 컴퓨터

로 당신이 원하는 만큼 손주와 바로 연결할 수 있고, 스카이프와 웹캠 덕에 아이가 성장하는 모습을 실시간으로 지켜볼 수 있으니까요. 하지만 시도 때도 없이 불쑥불쑥 연락하는 사람이 되고 싶지 않다면, 아기 부모와 이야기해 한 시간 정도 미리 시간을 정하세요. 그리고 컴퓨터 앞에 앉아 스카이프를 연결한 뒤, 지난밤에 끝냈던 데부터, 당신과 아기만 이해하고 재미있어하는 단어와 얼토당토않은 표현으로 할머니 역할을 다시 시작해 정신없이 대화를 나눠보세요.

컴퓨터에 대해 아무것도 모른다는 핑계로 이런 기회를 놓치는 건 옳지 않습니다. 제가 왜 이런 말을 하는지는, 아래에 소개된 피카르디 지방에 사는 마눈 할머니가 컴퓨터를 활용해 리옹에 사는 손자 아르망과 매일 인사를 나누는 이야기를 읽어보면 이해가 되실 겁니다.

마눈 할머니의 경험담

"첫 손주 아르망이 태어났을 때, 난 이미 컴퓨터를 사용할 줄 알았답니다. 나는 피카르디에서 농사를 짓고 있는데 생산 관리를 위해 매일 컴퓨터를 사용하고 있었거든요. 솔직히 그냥 업무를 위한 도구라고만 생각했었죠. 리옹에 정착한 딸 안-로르가 아기를 낳고 퇴원하자마자 스카이프 연결하는 법을 나에게 가르쳐줬어요. 아기가 크는 모습을 볼 수 있다면서 가까이 두고 쓰라더군요. 사용법이 간단해서 정말 좋았고, 무엇보다 더이상 외롭지 않다는 느낌이 들어서 좋더라고요. 하루하루 아이가 보여주는 '새로운 모습들'이 예상했던 대로 감동적이었고, 아이가 내 얼굴과 목소리에 익숙해지고, 할아버지와 삼촌이 일찍 들어와 짤막하게나마 인사를 건네면 그들의 얼굴과 목소리를 알아보기 시작했거든요. 벌써 다섯 살이 된 아르망은 컴퓨터를 이용한 우리의 짧은 대화를 무척이나 좋아한답니다. 저녁을 먹자마자 컴퓨터를 켜는 것도 그 아이예요. 그사이 아르망의 여동생 알릭스가 태어나는 바람에 새로운 대화 상대가 하나 더 늘었지요."

컴퓨터로 스카이프를 연결하기만 하면 됩니다. 구글에 '스카이프 연결하는 법'을 치고 하라는 대로만 하면 된다니까요. 저도 했는데, 당신이 못 할 게 뭐 있나요!

02 :

그럼 아기는 누가 보나요?

불행히도 출산휴가 기간은 정해져 있고, 그 끝이 점점 더 다가 오면 젊은 엄마는 다시 일을 해야 하고 태어난 뒤 낮이고 밤이 고 늘 끼고 있던 아이를 떼어놔야 한다는 생각에 속으로 피눈 물을 흘립니다.

그럼 아기는 누가 보나요?

세 가지 경우를 가정해볼 수 있습니다. 적절한 때에 신청한 덕분에 기적적으로 어린이집에 자리가 나거나, 몇 주 전부터 유모를 찾기 시작했는데 보기 드물게 진주 같은 유모가 튀어 나오거나, 이도 저도 안 되는 상황이라면 아기 부모가 안도의 숨을 내쉴 수 있게 '당신'이 돌봐주는 것입니다. 마지막 경우 는 당신이 일을 하지 않거나, 퇴직했거나, 무엇보다 진심으로 원해야만 가능하겠죠. 사실 도저히 완수할 수 없을 만큼 고된 임무가 부과되는 것은 아니지만, 그 일에 동반되는 무거운 부 담감을 온전히 받아들이고 제대로 인식해야 합니다.

분유 먹이기, 기저귀 갈기, 산책시키기, 놀아주기, 병간호,

이것저것 가르쳐주기 등등 당신이 해야 할 일은 사표를 낼 수도, 근무시간 단축을 요청할 수도 없는 풀타임 업무랍니다.

조언을 원하시나요? 아기를 맡아 키워줄지 확답하기 전에, 아래의 질문에 대답해보세요. 결정을 내리는 데 도움이 될 겁니다. 참고로 이 중에 하나라도 해당되는 경우, 손주 돌보기를 거절해야 할 겁니다.

☐ 나이가 70세가 넘었다.

☐ 몸이 약한 편이다.

☐ 등이나 다리가 아프다.

☐ 여행을 좋아하고 구속받는 것을 싫어한다.

☐ 아침에 일찍 일어나지 못한다.

☐ 예술, 문화, 스포츠 또는 자선 활동 등에 깊이 관여하고 있다.

☐ 이미 강아지 2마리, 고양이 3마리를 기르고 있다.

☐ 골초이고 담배를 끊을 생각이 없다.

☐ 애주가이다.

☐ 아기나 아기와 관련된 것을 그다지 좋아하지 않는다.

반대로 눈에 넣어도 아프지 않은 귀여운 손주를 돌보는 데

여생을 바치는 것이 당신의 가장 큰 바람이라면 만사 오케이이고, 당신도 행복하겠죠. 당신이 아이에게 쏟은 깊은 사랑에도 불구하고, 아이가 청소년이 되어 학교에 데리러 오지 말라고 하고, 당신이 몇 년에 걸쳐 가르친 것을 며칠 만에 까먹어버리고, 당신이 알아듣지 못하는 말들을 하고, 당신한테는 인사도 잘 안하면서 친구들과 죽고 못 사는 식으로 당신의 뒤통수를 치기 전까지는 말입니다. 네, 그래도 그런 일이 지금 당장 닥치는 건 아니니, 지금 이 순간을 마음껏 즐기세요!

간헐적으로 돌보기

하루 종일 손주를 돌보는 건 어렵고 버겁지만, 가끔씩 봐주는 건 생각해볼 만합니다. 잘 먹이고, 재우고, 씻기는 방법에 관해 아기 엄마에게 끝없는 잔소리를 듣지 않고 아기 아빠의 의심스러운 눈초리를 받지 않으면서 하루 낮, 하룻밤, 주말, 또는 며칠 동안 아기가 온전히 당신 차지가 되는 거지요. 마침내 한가로운 분위기에서 당신이 원하는 대로 할 수 있고, 아기를 마음껏 예뻐할 수 있습니다. 그렇긴 하지만, 젊은 부부가 당신에게 아이를 맡기는 것이 아직까지는 힘들고 마치 아기를 뺏긴 것 같은 느낌이 들 거라는 점, 친구들을 만나거나 주말에 여행을 가기 위해 가벼운 마음으로 아이를 맡기게 되기까지는 몇 개월의 시간이 필요하다는 점을 염두에 두세요. 그때까지 당신의 '수준급' 초보 할머니 계급장은 떼놓은 당상이며, 그 계급장은 공로훈장만큼이나 값지답니다!

그렇지만 처음으로 손주 돌보는 일의 함정에 대해서는 한 마디도 하지 않은 채, 간헐적으로 돌보기의 이점만 넌지시 비치는 건 정직한 행동이 아니겠죠. 처음 하는 손주 돌보기가 안전장치 없이 뛰어내리는 다이빙으로 전락하지 않도록 다음의 사항들을 읽어보시기 바랍니다.

챙겨야 할 물품

단 몇 시간이라도 기저귀 가방 없이 아기를 데리고 외출해서는 안 됩니다. 아주 가까운 곳에 가는 경우라도 마치 이사를 방불케 하지요. 아기 부모가 필요한 물건들(배낭, 가방, 침대, 유모차 등)을 당신 집으로 하나도 빠짐없이 싣고 오게 하거나, 이번 기회에 그들이 일거리를 덜도록 아이를 맡을 때마다 쓸 물건들을 집에 갖춰놓는 것이 좋습니다.

스위트 홈/아기 방에 있어야 할 물건들
• 접이식 또는 창살이 있는 침대 1개, 매트리스 1개, 방수

시트 1장, 매트리스 커버 2장

• 기저귀 매트 1개

• 기저귀 1통

• 욕조 1개, 체온계 1개, 스펀지 1개, 아기를 씻길 때 그리고 씻긴 뒤에 필요한 모든 것─샤워젤, 솜, 생리 식염수, 아기 손수건, 수분 크림, 머리빗, 엉덩이 발진 방지 크림

• 베이비캠 1개

음식

필요한 음식은 아기 부모가 다 가지고 올 겁니다. 우유병, 우유병 닦는 솔, 분유, 이유식, 식기, 과자 등 아기 엄마가 꼼꼼히 챙겨올 거예요. 하지만 만약에 빠진 것이 있다면? 세상에나, 끔찍한 일이지요. 그러니 아기 연령에 맞게 몇 개 구입해 놓는 것이 좋습니다.

옷과 장난감

당신은 손주가 태어날 때부터 귀엽고 깜찍한 아기 옷을 한 벌 한 벌 사들이느라 흥청망청 돈을 쓰고 있지만… 정작 아기가 그 옷을 입은 모습은 한 번도 못 봤겠지요. 수긍이 갈 만

한 설명을 드리자면, 당신의 취향은 아기 부모의 취향과 다르다는 겁니다. 가끔씩 아기를 봐주는 때가 당신 마음대로 아이에게 검은색, 보라색, 카키색 또는 우스꽝스러운 핑크색이나 파란색 옷을 입혀볼 수 있는 절호의 기회이니, 망설이지 말고 해보세요! '그들'은 아무것도 모를 테니까요! 장난감의 경우에는, 한시도 곁에서 떼어놓지 않는 인형을 제외하고는 집에 아무리 장난감이 많아도 아기가 좋아하는 것은 늘 빠뜨리고 오기 마련이죠. 그런 경우에 알아서 대처해보세요.

절대로 가볍게 생각해서는 안 되는 것이 하나 있습니다. 그것은 무엇으로도 대체할 수 없는 공갈 젖꼭지로, 늘 어디서든 쉽게 찾을 수 있도록 같은 상표로 여러 개 준비해놓으세요!

자, 이제 워밍업을 할 준비가 되었습니다. 당신은 감동하기도 하고 스트레스도 받겠죠. 아기는 열이 나고 설사를 하고 밤새 울어댑니다. 그래도 침착함을 잃지 말고, 정말로 걱정스러운 상황이 발생했을 경우에는 아기 부모에게 알려서 필요한 결정을 내리게 해야 합니다. 일단 이 경험이 성공적으로 끝나면, 녹초가 되어 조용한 거실 소파에 널브러지겠지만 그만큼 행복감도 밀려올 것입니다. 손주를 씻기고 분유를 먹인 뒤 잠을 푹 재우고 나서 느낀 사랑의 순간들을 음미하게 될 것이고, 다음에 또 아기를 봐줄 기회를 애타게 기다리게 될 겁니다.

| 손주 돌보기를 위한 로드맵 |

아이 부모가 알려준 사항들(목욕 시간, 식사 시간, 잠자는 시간, 식단, 산책할 때 가지고 나가야 하는 장난감 등)을 여기에 모두 적어보세요. 부모 쪽에서 필요하다고 생각해 권유한 것들도 빠짐없이 전부 다요!

Note

3개월 후,
아는 것이 무척 많아진 할머니

처음 할머니가 되었다고 해서, 아이의 건강과 행복에 관한 정보에 둔감해도 되는 건 아닙니다. 당신이 엄마였던 20년 혹은 30년 전보다 육아 관련 상식이 많이 발전했기 때문에, 트렌드에 뒤처지지 않고 다른 사람들의 코를 납작하게 해주고 싶다면 약간의 업데이트가 필요합니다.

아기의 건강 : 2000년 이후 무엇이 달라졌나?

다음 사항들은 프랑스 잡지사 〈부모〉의 기자 플로랑스 아르놀-리셰즈가 알려주는 중요한 정보들입니다(편집자 주 : 의학 정보의 경우 한국과 다를 수 있습니다).

백신

2001년부터 새로운 폐렴구균 백신인 프레베나르를 2개월에서 24개월 사이의 아기들에게 처방하고 있습니다. 폐렴구균성 뇌막염을 예방하는 데 매우 효과적이어서 2006년부터 보험이 적용되고 있습니다.

두 종류의 새로운 로타바이러스 설사방지 백신이 나왔지만 아직 보험 적용은 되지 않습니다.

2005년부터 탁아소나 어린이집에 다니는 아기의 경우 MMR(홍역, 유행성이하선염, 풍진) 예방백신을 9개월에서 12개월 사이에 처음 맞도록 권장하고 있습니다.

BCG 접종은 더이상 의무가 아니지만 일정한 때가 되면 피내주사로 맞히는데, 생후 6개월 이후로 늦추는 것이 좋습니다.

항생제

내성이 생기지 않도록 적당히 사용해야 합니다. 예를 들어 구협염이 생긴 경우, 연쇄구균 신속 진단 테스트를 시행합니다. 음성반응이 나오면 구협염이 바이러스성이 아니라는 뜻이므로 항생제를 쓰지 않습니다.

항생제가 포함된 코, 목, 구강 세정용 분무 제품의 경우 2005년 9월 30일부터 판매가 전면 중단되었습니다.

박테리아성 이염이나 구협염은 여전히 항생제로 치료하고 있으며, 치료 기간이 훨씬 짧아지는 추세입니다.

고통이 심한 복수천자 시술은 아데노이드 절제술과 고막 튜브 장착이 그렇듯 이전보다 많이 줄어들었습니다.

우리가 어린 시절에 먹던 시럽 형태의 약은 더이상 환영받지 못합니다. 감기나 기관지염에 걸렸을 때 가래가 섞여 나오는 기침을 할 경우 점액 배출을 방해하거든요. 예전에 마른기침을 할 경우 처방하던 진해제의 경우, 효과가 좋았던 제품들이 유해성이 있어서 더이상 판매되지 않고 있습니다.

약을 오렌지 주스에 타서 먹이는 것은 좋지 않습니다. 사과 주스와 마찬가지로 오렌지 주스는 특정한 약의 흡수를 방해하고, 다른 약품의 독성을 증가시킵니다. 약은 물로만 먹여야 합니다. 아기가 얼굴을 찡그려도 어쩔 수 없습니다.

구토

단순한 구토 증상은 일반적으로 12개월에서 18개월 사이에 사라지며, 소아과 전문의들은 프레퓔시드나 프랭페랑 같은 약물을 처방하는 것은 자제하고 있습니다. 요즘은 역류 방지 우유를 널리 권장하고 있습니다.

이유식

생후 4개월이 되기 전까지는 아기에게 모유나 분유만 먹여야 한다는 데 모든 사람들이 동의합니다. 알레르기가 없다면 4개월부터는 새로운 채소나 과일을 하루에 한 가지씩 시도해

봐도 되며, 5개월부터는 햄이나 하얀 고기를 먹여도 됩니다.

6개월부터는 생선, 달걀 노른자, 시리얼을 먹여도 됩니다. 아가야, 맛있게 먹으렴!

공갈 젖꼭지

당신은 이것을 너무 자주 사용하는 데 반대하는 입장인지도 모르지만, 2005년 국제 소아학 잡지에 발표된 내용에 따르면, 아기가 잠자리에 들 때 공갈 젖꼭지를 물려주면, 빠는 움직임으로 인해 인두구부 근육이 강화돼서 돌연사 위험이 25~30퍼센트 줄어든다고 합니다.

목욕

아기와 즐거운 시간을 보낼 수 있는 구실이긴 하지만, 그렇다고 매일 저녁 씻길 필요는 없습니다. 피부과 의사들은 아기의 피부가 건조하거나 아토피가 있는 경우에는 일주일에 두세 번 이상은 씻기지 말라고 권하고 있습니다.

면봉은 귓속 깊은 곳에 있는 귀지를 제거하기 때문에 사용해서는 안 됩니다. 귀지를 놔두면 자연스레 막이 형성됩니다. 귓속을 소제할 때는 1회용으로 포장되어 있는 스프레이식 해수 제품을 사용하는 것이 가장 좋습니다.

생식기

할례를 받은 경우가 아니라면, 목욕물에 들어가 피부가 부드러워졌을 때, 천천히 아주 조금씩 귀두의 포피를 벗겨내야 합니다. 한꺼번에 확 벗겨내면 아프니까 주의하세요!

산책

겨울에는 매일 밖에 데리고 나갈 필요는 없습니다. 특히 공공장소와 대중교통은 바이러스의 온상입니다. 이런 곳을 피하면 모세기관지염에 걸릴 위험이 적어집니다. 모세기관지염이 점점 더 많이 발생해 매년 수천 명의 아이들이 입원을 하고 호흡 물리치료를 받고 있습니다. 아이들이 정말 받기 싫어하는 치료랍니다.

잠: 여러 가지 주장들

요즘은 아기를 똑바로 눕혀서 재워야 한다는 데 아무도 이의를 제기하지 않습니다! 하지만 과거 아이들이 공공 보육시설에 맡겨지기 시작하면서, 수없이 많은 반론들로 인해 아기들의 밤은 편안하지 못했습니다. 1970년에는 엎어서 재워야 한다고 했고, 1973년에는 옆으로 뉘어서 재워야 한다고 했습니다. 그러더니 5년 후에는 아이가 원하는 자세로 재워야 한다고 했죠. 1994년에는 절대 엎어서 재우면 안 된다고 했다가, 다시 옆으로 뉘어서 재워야 한다는 의견이 지배적이었습니다. 분명한 건 그때나 지금이나 아기는 폭신한 수면조끼를 입혀 편안한 매트리스에 눕힌 뒤 담요나 두꺼운 이불을 덮지 않고 재워야 한다는 것입니다.

보행기

보행기는 위험합니다. 이번 기회에 다락방에 처박아두었던 보행기를 꺼냈다면 과감히 버리세요. 아기가 계단에서 떨어지는 사고가 많이 발생하며, 넘어져서 머리를 부딪치고, 놀라고, 뼈가 부러지게 됩니다.

시대에 따라 유행하는 유아용품

요즘 천 기저귀 사용이 다시 유행입니다. 이게 웬일입니까! 위생상 좋지 않으며 1회용 기저귀 덕에 완전히 사라졌던 엉덩이 발진이 다시 생길 수도 있답니다.

아기의 팔과 다리를 꽁꽁 묶어서 잠자는 동안 뒤척이지 못하게 하는, 중세에나 썼던 포대기가 다시 사용되고 있습니다. 물론 포대기로 싸주면 자다가 움직이는 바람에 깨는 일은 없답니다. 사용 여부는 알아서 판단하시길.

반려동물

두 가지 이론이 상충하고 있습니다. 개나 고양이가 아기에게 알레르기를 일으킨다고 주장하는 사람들이 있고, 털 달린 동물과 함께 생활하면 알레르기 유발 항원에 대한 면역력이 향상된다고 주장하는 사람들도 있습니다. 그렇다면 어떻게 해야 할까요? 좋은 것만 취하면 되겠죠. 동물이 아기의 얼굴이나 손을 핥지 못하게 하고, 아기 옆에서 자지 못하게 하고, 아기 장난감과 동물 장난감이 섞이지 않게 하고, 동물을 쓰다듬은 뒤에는 손을 씻고, 아기와 동물을 단둘이 두지 않습니다. 당신이 기르던 반려견이나 반려묘를 잔인하게 저버리지는 마세요.

당신의 몫

이제 당신은 모든 정보를 다 가졌고 모든 교육을 받았으니, 할머니로서 당신의 역할이 당신 자신의 삶을 비롯해 손주의 삶과 그 부모의 삶까지 풍요로워지게 하는 것은 당신의 몫입니다. 모든 자리에 끼려고 하지 않으면서도 같이 있어주고, 즐거워하고, 가능한 한 기꺼이 마음을 써주는 당신은 모든 것을 보고 들으며 커가는 아이의 삶을 구성하는 중요한 요소 중 하나라는 걸 절대 잊지 마세요. 아이가 커가는 데는 당신의 도움도 중요하답니다. 한없는 부드러움과 나이가 들면서 생긴 (?!) 너그러움으로 아이를 감싸주세요. 아이가 어릴 때부터 차곡차곡 쌓아온 관계는 쉽게 허물어지지 않으며, 당신은 오랫동안 아이와 서로 사랑하고 공감을 나누게 될 겁니다. 당신은 참 운이 좋은 사람이에요.

그건 그렇고, 할머니 일기는 열심히 쓰고 계신가요? 모든 것이 금세 지나가버리고, 그때그때 적어두지 않으면 중요한 일들이 기억나지 않을 테니 조심하세요. 벌써 아이의 첫돌이 된다는 것이 그 증거 아니겠어요!

벌써 1년! 명확해지고 섬세해지는 할머니의 역할

"할-머-니!
하알-머어-니!
할-머-니 해보렴!"

단언컨대 당신은 이날을 위해 미용실에 다녀왔을 것이고, 어쩌면 몹시 사고 싶었던 조그만 원피스를 샀을 겁니다! 첫돌은 그만큼 중요합니다. 오늘이 바로 첫 손주의 첫돌을 축하하는 날이라고 생각해보세요. 이날은 젊은 아가씨였을 때와 엄마가 됐을 때 마음속에 새겨진 값진 순간들에 맞먹을 정도로 당신 인생에서 중요하답니다.

01

첫돌, 말문 트이기,
인생으로의 첫걸음마!

초 한 개가 꽂힌 케이크 주위에 모여서 찍은 가족사진이 오랫동안 거실에 걸려 있을 것이고, 당신은 그 사진을 볼 때마다, 사람들이 모두 촛불을 끄려고 입으로 바람을 부는 동안 자신의 첫 번째 생일을 밝히고 있는 촛불을 보고는 눈이 동그래져 있는 꼬마 앞에서 부드러운 미소를 짓게 될 겁니다.

당신을 기쁨의 도가니로 몰아넣는 손주와의 진정한 교류는 이제부터 시작입니다. '아르르 까꿍'은 끝났습니다. 이제부터는 손주와 제대로 된 대화를 나누게 됩니다.

— 그래, 우리 강아지, 어떻게 지냈어?

— 따따따, 우우, 베베.

무슨 뜻인지 잘 알겠죠?

이제 아기는 제대로 어리광도 부릴 줄 알고, 그지없이 향기로운 조막만한 머리를 당신에게 기대올 때면 당신은 시간도 계절도 고기가 새까맣게 타는 것도 잊게 됩니다.

이런 일은 좋은 축에 속하지요. 아이가 한 살이 되면 네 발로 여기저기 헤집고 다니며 기어올라가거나 걸어다니므로, 매처럼 날카로운 눈과 아이가 오면 뛰어나가 맞이할 수 있는 튼튼한 장딴지가 필요합니다. 지금부터는 한순간도 눈앞에서 아이를 놓쳐서는 안 됩니다. 아이 손이 닿는 곳에 당신이 할머니에게서 물려받은 귀한 세브르 산 꽃병이 있어서는 안 되고, 그 외에도 약, 위험한 물건, 꽁초가 가득 든 재떨이, 전선, 콘센트 등에 아이의 손이 닿지 않도록 주의해야 합니다. 아기는 호기심이 많아서 눈에 보이는 건 죄다 만져보고, 입에 넣어보고, 되는대로 삼킨다는 걸, 10평이나 되는 곳 한가운데에 있는, 어른 눈엔 보이지도 않는 조그만 핀을 찾아낸다는 걸 잊으신 건 아니죠?

집에 있는 개나 고양이도 위험합니다. 15분만 같이 놔둬도 그 통통한 손가락을 개나 고양이의 눈 또는 콧구멍에 쿡 쑤셔 박을 테고, 살랑대는 꼬리를 잡아당기며 당신의 귀걸이나 할아버지의 수염을 잡아당길 때만큼이나 재미있어한답니다. 지금부터는 당신의 반려견이나 반려묘를 괴롭히지 않는 법을 찬찬히 가르쳐야 합니다. 목소리를 높이지는 않지만, 이해할 수 있을 정도로 확실하게 말입니다. 아이들이 동물을 괴롭히는 걸 보고 웃음을 터뜨리다가 동물이 아이를 물거나 때리는 것을 보고 화들짝 놀라는 모습보다 더 보기 흉한 건 없습니다.

새롭게 펼쳐질 한 해 동안, 당신의 손자나 손녀는 놀이가 무엇인지 알게 될 것이고, 당신은 아이의 감각을 깨우고, 능력을 키우고, 새로운 것에 눈뜨게 해주는 장난감을 가지고 마음껏 즐거운 시간을 보낼 수 있답니다. 그런 장난감 덕분에 아이가 물건을 잡고, 던지고, 쌓고, 주고, 받고 운동능력을 발달시키는 법을 배우니까요.

아이가 좋아하는 장난감

조언: 너무 앞서가지 마세요! 할머니들은 손주를 과대평가해서 아이의 역량을 뛰어넘는 장난감을 쥐여주는 경향이 다분하답니다.

한 살 때는 아래에 적어놓은 장난감이 매우 유용하고 재미있습니다.

- 작은 공
- 나무 숟가락
- 동그란 구슬을 끼우는 막대
- 쌓았다가 무너뜨리는 큐브

- 모양 맞추기 놀이 세트
- 욕실에서 가지고 놀 수 있는 상자, 양동이, 물뿌리개
- 잡아당길 수 있는 머리카락이 있는 헝겊 인형
- 밀고 끌어당기고 굴릴 수 있는, 뭐라 정의할 수 없는 물체
- 가짜 전화기와 가짜 태블릿 PC처럼, 흉내를 내게 해주는 장난감
- 아이가 자칭 아마데우스이고 당신이 자제력이 강한 편이 아니라면, 음악 소리를 내는 장난감은 최악의 장난감입니다.

몇 달이 지나면, 아이가 처음으로 그림을 그릴 수 있도록 큼지막한 연필과 이면지를 준비해줍니다. 당신은 그 그림을 몇 년 동안 소중히 간직하게 되겠죠. 달리 할 일은 아무것도 없답니다. 모든 할머니들이 손주가 그린 그림에서 천재성을 알아보기 마련이니 당신이라고 그 법칙에서 벗어날 이유는 전혀 없겠죠!

또 다른 조언: 할머니 집에 있는 장난감은 계속 할머니 집에 있어야 합니다. 일단은 아이 집에 수백 개의 장난감이 있기 때문이고, 또 할머니 집에 올 때마다 그 장난감을 보면서 좋아라 괴성을 지를 수 있기 때문이죠.

마지막 조언: 비싼 장난감, 금방 망가지는 장난감, 보기에만 좋은 장난감은 사고 싶어 죽을 지경이어도 절대로 사지 마세요. 그 나이의 아이는 손만 대면 망가뜨리는 '파괴자'이니, 아이 마음에 들고 할머니 마음도 흡족한 선물을 하려면 적어도 열 살이 될 때까지(네, 긴 시간이긴 하죠.) 기다리세요.

✚ 연령에 따른 장난감 인기 순위

어린이 완구 전문점에서 일하는 아기 아빠 제레미 씨가 친절하게도 아이들과 부모들이 좋아하는 장난감을 소개해주었습니다. 이제 아이 연령에 맞지 않는 장난감을 사는 실수를 범하는 일은 없겠죠?

1세까지

- 베스트셀러: 소피와 기린 인형(프랑스에서 태어난 아기들의 수만큼 팔렸다네요!)
- 천이나 털로 된 인형, 모빌

1~2세

운동능력, 관찰력, 걸음마에 도움이 되는 장난감

- 베스트셀러: 음악 소리가 나는 아기 변기

- 엑서소서

- 보행기

2~4세

창의력, 상상력, 제어능력을 발달시키는 장난감

- 베스트셀러: 색칠하기 세트

- 레고 1단계

- 여러 가지 형태를 만들 수 있는 도우나 찰흙

여자아이와 남자아이들을 위한 전통적인 장난감

- 자동차(무선조종이 되는 것 또는 안 되는 것)

- 소꿉장난 도구

- 아기 인형

- 살림살이나 연장 모양의 장난감

토이스토리, 노디, 헬로키티, 마야 등 모든 캐릭터 장난감들, 변함없이 많은 사랑을 받고 있는 미키마우스를 빼놓을 순 없겠죠?

어떤 장난감을 선택하든, 안전기준 부합 여부를 표시하는
라벨이 붙어 있는지 반드시 확인하세요.

02

더이상 초보가 아닌 할머니

첫 1년이 지나갔습니다. 살짝 뒤를 돌아보면 당신의 할머니 스토리를 살펴볼 수 있을 겁니다. 분명한 건 지난 12개월 동안 아기가 당신의 머릿속을 꽉 채우고 부드러운 사랑이 넘치게 만들어주었으며, 당신이 아기에게 푹 빠져 있었다는 겁니다. 그 아이가 당신을 얼빠진 할머니로 바꿔놓는 데는 그리 많은 것이 필요치 않답니다. 아, 벌써 그렇게 되었다고요? 좋습니다. 당신은 정상범위 안에 들어와 계신 겁니다. 그래봐야 이제 겨우 시작이지만요!

할머니 베이비시터

당신 딸이 엄마가 된 경우라면, 둘 사이의 관계가 어느 정도 정상적으로 회복되기 시작합니다. 사실 첫 1년 동안 당신 딸은 현실감각이 없어지고, 기분도 가라앉고, 기동성도 현저히 떨어져 있었거든요.

— 엄마, 지금 내가 화를 내는 게 아니에요. 단지 피곤하고,

나를 위해서는 단 1분도 쓸 수가 없고, 애 보고 장보고 집 청소하고 일하느라 정신이 하나도 없다고 말하는 거라고요. 일주일만 혼자 어디 가서 아무것도 안 하고 잠만 잘 수 있다면, 돈이 얼마가 들든 쓸 수 있을 것 같아요.

— 애야, 나한테 애 맡기고 주말에 너희 둘이 어디라도 갔다 오라니까. 내가 늘 그러라고 하잖니!

이때에는 두 가지 경우를 가정해볼 수 있습니다. 하나는 당신 딸이 기회는 이때다 하며 덥석 무는 바람에, 기꺼운 마음으로 제안은 했지만 예정에 없던 48시간의 육아가 끝난 후 머리가 마구 헝클어지고 얼이 빠져버리든가, 아니면 당신 딸이 아이가 부모에게서 떨어지기에는 아직 너무 어리다, 당신은 아이를 보는 데 아직 익숙지 않다, 당신이 힘들 거다, 몇 개월 더 지나야 가능할 것 같다 등등의 이유로 당신을 이해시키려 들든가. 어떤 경우든 입 꾹 다물고 가타부타하지 마세요! 그냥 참으세요! 머지않아 아이가 당신을 정말로 필요로 하게 될 테고, 그때는 당신 어깨가 으쓱해질 수밖에 없을 테니까요.

스케줄 짜기

아이가 할머니와 시간을 보내기엔 아직 어린 이 시기에, 할머니들은 종종 낙담하고 우울해하는데, 아이 부모들은 할머니가 왜 그런지 짐작조차 못합니다. 그러니 아이 부모가 당신을 급할 때 아이를 맡길 수 있는 '임시방편'으로만 여기지 않도록, 가능한 한 가까이서 손주의 성장을 지켜보면서 안정적이고 지속적인 관계를 형성하는 할머니가 되도록 스케줄을 짜야 할 때입니다. 아주 먼 곳에 사는 경우라면 모르지만, 스카이프로는 직접 어루만지고 이런저런 이야기를 하고 농담을 하는 행복감을 대신할 수 없으니까요.

그러니 아이 부모에게 문제를 제기하세요. 당신도 그들이 너무나 애지중지하는 아이를 정기적으로 만나고 싶다고 설명하고, 그들이 당신 집에 언제 찾아올지 기본사항을 약속해두세요. 각자의 형편에 따라 한나절, 가능하면 하룻밤 정도, 일주일에 한 번, 2주에 한 번 혹은 한 달에 한 번, 이렇게 시간을 정하는 겁니다. 일단 약속을 했으면 특별한 경우가 아니면 반드시 지켜야 하고 규칙이 되어야 합니다. 조만간 아이 부모는 그 규칙을 높이 평가하면서 둘 만의 데이트를 계획하게 될 겁니다. 덕분에 가족관계가 더 조화로워지고, 당신은 당신 집에서 손자나 손녀를 마음껏 볼 수 있게 되는 거죠.

아이가 친손주일 경우엔 상황이 좀 민감해지는데, 이미 아시겠지만 대부분의 경우 외할머니에게 우선권이 주어지기 때문입니다. 네, 불공평하지만 현실이 그렇답니다. 그래도 스케줄을 짤 때 공평하게 해달라고 요구하세요. 한 번은 외할머니, 한 번은 친할머니, 이런 식으로 말이죠. 시간이 좀 더 흐른 뒤 크리스마스와 휴가를 지낼 때도 마찬가지입니다. 안사돈과 무척 친해져서 할머니들끼리 만나 아이가 성장하는 모습을 보는 공동의 경이로움에 대해 함께 감탄하는 경우가 아니라면 말이죠. 양쪽 집안의 평화를 위해서는 이것이 이상적인 모습이지만, 불행하게도 이런 경우는 그리 흔하지 않을뿐더러, 그렇게 할 수 있다고 확신할 수도 없는 것이 사실이랍니다.

가족의 최연장자

지난 1년을 돌이켜보고, 당신에게 어떤 변화가 있었는지 유심히 생각해보세요. 미처 깨닫지 못했던 것들을 발견할 수 있을 겁니다. 외적인 변화만을 말하는 게 아닙니다. 할머니가 되었다고 해서 칙칙한 옷만 입는 폭삭 늙은 부인이 돼버리진 않았기를 바랍니다. 그런 할머니는 예전에나 볼 수 있었고, 당신은 그와는 반대로 손주와 주변 사람들에게 멋지고 여성스러운 할머니로 보이기 위해 여러모로 신경 쓰는 할머니일 겁니다.

내적인 면으로 말하면 당신은 전혀 다른 사람이 되어 있을 겁니다. 가족이 더 늘어났고, 당신은 일종의 '최연장자'(당신 부모님이 아직 생존해 계신 경우를 제외하고)가 되어 가족들을 결집시키는 역할을 맡게 되었죠. 할머니라는 존재가 원래 그런 거니까요. 물론 '최연장자'는 나이에 무게를 두는 표현이라 마음에 안들 수도 있고 늘 쉽게 받아들일 수 있는 건 아니죠. 그렇지만 나쁘게 생각하기보다는 긍정적으로 받아들이세요. 가족 내에서 손윗사람이 되는 것엔 좋은 점도 많으니까요. 예를 들어 당신 집이 가족이 모두 모일 만큼 넓다면, 이제부터 가족모임과 휴가를 주관해 가족들을 즐겁게 만드는 것은 당신의 역할입니다. 당신을 중심으로 가풍이 형성되고, 집안 행사가 이루어지고, 가족들이 모여 즐거운 시간을 보내게 되면서, 당신은 추억을 만들어주는 사람으로 공식적으로 인정받게 되는 것이죠.

그 외에, 걱정거리를 해결해주고, 젊은 부부 사이에 생길 수 있는 갈등을 완화해주고, 쪼들리는 그들의 살림살이에 약간의 기름칠도 해주고, 가족의 키워드가 '행복'이 되도록 하는 것도 당신의 역할입니다. 마지막으로 아이의 훈육에 문제가 있다고 느껴질 때 식탁을 내리치며 큰 소리로 야단을 치기보다는 능수능란한 방식으로 경험과 조언을 아끼지 않는 것 또한 당신이 할 일입니다.

인생의 3단계

할머니가 되면 인생의 3단계로 접어들게 되고, 이 단계가 녹록치 않다는 것을 실감하기도 합니다. 어떻게 보면 첫 손주의 탄생과 함께 당신의 노년기가 시작된다고 볼 수 있습니다. 당신은 한없이 샘솟는 애정을 다시 아이에게 쏟게 될 텐데, 지금은 그 초석을 다지는 중입니다. 아이가 자라면 당신에게 더 큰 기쁨과 살아가는 이유와 희망을 선사할 겁니다. 당신은 아이와 함께 아이의 미래 속의 당신 모습을 그려볼 테고, 당신을 풍요롭게 만들어준 것들을 가르쳐줄 테고, 열정을 함께 나누게 될 테니, 여유가 된다면 아이와 함께 여행을 떠나보세요. 당신의 건강에 특별히 이상이 있지 않다면, 그 아이가 어떤 남자, 어떤 여자가 되는지도 보게 될 겁니다. 당신도 할 수만 있다면 가능한 한 오랫동안 그 아이와 함께하고 싶겠죠. 이제 겨우 두 발로 서 있기 시작한 아이가 당신을 황홀하게 만들고 장수하게 만드는 원천이 될 겁니다. 참으로 놀라운 일 아닌가요?

10장

아기야, 잘 가/반가워, 어린이!

앞에서도 말했듯이, 모든 것이 너무나 빨리 지나가버리는데다(그래서 할머니 일기가 필요한 거죠), 아이가 두 살이 되면 한눈에 보기에도 어린이라 할 정도가 됩니다. 아장아장 걸어다니고, 50개 정도의 단어를 알고, 자기 변기를 찾아갈 줄 알고, 사람들이 자기에게 하는 말을 거의 다 알아듣게 됩니다. 떼쓰고 화내고 토라지기도 하지만, 그 귀엽고 다정하고 영리한 모습을 보면서 할머니는 아이의 성격을 간파하기 시작합니다. 물론 부모와 조부모의 암묵적인 훈육관에 따라 아이의 성격이 더 나빠질 수도 더 좋아질 수도 있음을 잊지 말아야죠.

01

훈육은 No! 지원은 Yes!

할머니의 역할에도 교육적인 부분이 있지만, 그 부분은 어디까지나 보완적이라는 사실을 잊지 마세요. 아이를 훈육하는 주체는 부모이며, 할머니는 아이 부모가 지나치게 엄격하거나 지나치게 방관적일 때만 살짝 개입할 수 있지요. 앞으로 아이가 성장해가는 동안에도 마찬가지입니다.

신중한 조언: 훈육에 대한 암묵적 동의

아이가 잘못을 했거나 자세가 나쁘거나 '세상에 둘도 없는 버릇없는 아이'처럼 굴 때 할머니가 아이 부모와 정반대 입장을 취하는 것은 아이에게 해롭습니다. 예를 들어 아이가 부모에게 야단맞고 울고 있는데 할머니가 달려와 쓰다듬어주고 위로해준다고 가정합시다. 물론 좋은 뜻에서 그런 거지만, 아이 부모의 훈육에 그런 식으로 '맞서는' 일은 피해야 합니다. '견딜 수 없는' 광경 앞에서 속으로는 피눈물이 나겠지만 눈 하나 깜짝하지 마세요. 어설프게 개입할 경우

우선 아이 부모로부터 원망을 사게 될 것이고, 옳고 그름에 대한 개념이 아이의 머릿속에 제대로 정립되지 않을 수 있습니다. 규율에 대한 인식은 타고나는 것이 아니라 아주 어릴 때부터 습득하는 것이고, 그것을 잘 습득한 아이는 성공의 수단을 하나 더 가지고 인생을 시작하는 겁니다.

이 조언을 따르겠다고 스스로 다짐하세요. 그렇다고 해서 아이에게 한 치도 양보해서는 안 된다는 말은 아닙니다. 양보하되 아주 조금만 하세요. 아이가 당신 부엌에서 잼 만드는 도구를 더럽혔거나 화단의 꽃들을 죄다 뽑아놓았거나 서재의 책을 찢었을 때 무엇을 허용하고 무엇을 허용하지 않을지 한계를 정하는 것은 당신 몫입니다. 아이가 설마 그렇게까지 하겠느냐고요? 그럼요, 모두 다 당신에게 일어날 수 있는 일입니다.

02

요술 할머니, 바로 지금이에요!

세상 사람들로부터 부러움을 살 만한 역할이 하나 있다면, 그건 바로 너무도 사랑스럽고 조그만 보배의 삶에서 당신이 맡게 될 역할입니다. 세상에서 가장 상냥하고 가장 예쁜 역할이지요. 바로 요술 할머니! 당신도 해보실래요?

그럼 아이의 달콤한 어린 시절의 여주인공에게 어울리는 의상으로 갈아입고 요술 할머니가 되어보세요. 삶에 존재하는 경이로운 것들을 알려주고, 옛날이야기를 들려주고, 늘 미소를 잃지 않는 모습으로 끝없는 인내심을 발휘해 수많은 놀이를 가르쳐주고, 몇 시간이고 놀아주고, 엄마 아빠가 시간이 없어서 못하거나 하기 싫어하는 것들을 다 해주고, 마녀나 스파이더맨으로 변신해 웃음거리가 되는 것을 두려워하지 않는 할머니 말이에요. 이제 겨우 돌이 지난 아이가 교수가 되기를 바라거나 벌써부터 파리정치대학 입시 준비를 시키지는 않더라도, 당신이 간직하고 있는 보석처럼 귀한 것들을 아이가 지적으로 육체적으로 언제든지 꺼내 쓸 수 있게 해주세요. 그런 것들이야말로 나중에 아이의 취향, 성향, 심지어 능력 형성에 큰 도움이 된답니다.

아이와 함께 해볼 수 있는 일은 아주 다양합니다. 그러나 무엇보다 당신과 함께 하는 놀이와 활동을 아이가 즐거워해야 하지요. 아이가 조금이라도 지루해하거나 주의가 산만해지는 것 같으면, 멈췄다가 나중에 다시 해보세요. 그래도 아이가 또 지루해하고 이건 아니다 싶은 생각이 들면, 아쉽지만 포기하세요. 아이가 너무 어려서 그럴 수도 있고, 아니면 당신이 재미있을 거라고 생각했던 것이 아이에게는 재미가 없는 거랍니다. 그러니 다른 활동으로 넘어가세요!

미미-두스 할머니의 경험담

"나는 하나뿐인 손녀 칼립소와 함께 내 머릿속에 떠오른 것들, 확신컨대 아이의 어린 시절 추억으로 영원히 남을 만한 괴상하기 짝이 없는 일들을 죄다 해보기로 결심했었답니다. 지금 칼립소는 열다섯 살인데, 여덟 살 생일 때 헬리콥터 탔던 일, 다섯 살 생일 때 친구들과 놀 수 있도록 내가 하얀 리무진을 대여해줬던 일, 뮤지컬 〈빌리 엘리어트〉를 보러 런던으로 함께 여행 갔던 일, 브뤼셀에서 감자튀김을 곁들인 홍합 요리를 먹고 아토미움을 보러 갔던 일, 그리고 가장 기억에 남는 3일간의 뉴욕 여행에 대해 아직도 얘기한답니다. 네, 알아요, 돈이 많이 들었죠. 사실 나는 아이가 태어나자마자 은행계좌를 따로 만들어 매달 조금씩 저축을 했어요. 그렇게 몇 년이 지나니 아이와 저만을 위해 돈을 쓸 수 있게 되더라고요. 그렇게 한 것에 대해 후회해본 적은 한 번도 없어요, 그건 아이도 마찬가지고요."

놀이에 대한 아이디어가 필요하다고요?

손수건 놀이를 아시나요?

아이의 손 안에 보이지 않는 손수건 세 장이 들어 있는 척한 뒤, 아이에게 눈을 감고 손수건이 날아가지 않게 꼭 쥐고 있으라고 하세요. 그러고는 아이에게 공을 던져줍니다. 아이가 손을 펴서 공을 잡으면 이렇게 외치세요. "푸드덕, 손수건이 다 날아가버렸네!" 다시 한 번 손수건을 쥐고 있으라고 한 뒤, 이번에는 공을 던지는 척만 하세요. 아이가 또 손을 쫙 벌립니다. 똑같은 동작을 세 번째 시도하면서 아이에게 절대로 손수건을 놓치지 말라고 주의를 주면, 아이는 고사리 같은 두 손을 꼭 맞잡습니다. 한마디로 어떻게 해서든 아이가 손수건을 놓치게 만드는 놀이입니다. 당신이 다시 공을 던지는 척하면 아이는 손을 벌릴 겁니다. 역할을 바꾸어 아이가 공을 던지고 당신이 함정에 빠질 차례가 되면, 기꺼운 마음으로 응해주시면 됩니다.

이 놀이는 아이의 반사신경을 발달시켜주며, 게임에서 지는 것에, 그리고 할머니를 속여서 이기는 것에 익숙해지게 하는 장점이 있습니다!

발육을 돕는 놀이

두 살이 되면 아이는 고전적인 놀이를 무척 좋아합니다. 조그만 공을 던졌다가 다시 잡는 놀이 말이에요. 아이는 주고받는 것이 무엇인지 알게 되고, 주고받는 놀이에 푹 빠집니다.

시간이 좀 더 흐르면 작은 공이 큰 공으로 바뀌고, 손주 덕분에 당신은 골키퍼의 자질을 뒤늦게 발견하게 될지도 모릅니다.

남자아이, 여자아이 할 것 없이 모두 스티커, 색연필, 고무찰흙을 비롯해 주의력과 솜씨를 요하는 놀이에 열광합니다.

아이들의 상상력 발달에는 유명한 플레이모빌만한 것이 없지만, 농장놀이 세트, 인형의 집, 소꿉놀이 세트, 트럭, 트랙터, 유모차 등 굴러다니고 다른 장난감을 담을 수 있는 것은 다 좋습니다.

이 나이의 아이들은 관찰을 잘하고 어른들 흉내내는 것도 아주 좋아합니다. 어른들의 행동을 머릿속에 담아놨다가 더없이 진지하게 재현해 보이는데, 그 행동을 보면 웃느라 배꼽이 빠질 정도랍니다. 소꿉놀이는 하는 여자아이나 운전대 앞에 앉아 있는 남자아이는 자기 엄마 아빠를 그대로 빼닮은 모습이거든요. 혼자 보기 아까울 정도로 말이죠!

움직이는 화면의 유혹

이것은 체념하고 받아들여야 하는 문제랍니다(어쩔 수 없죠). 아이가 움직이는 화면에 한창 끌리는 나이이기도 하고, 모쪼록 이 문제로 쓸데없이 힘 빼지 말라고 조언하고 싶군요. 당신의 손주는 움직이는 화면이 있는 시대에 태어났고, 주위에 보이는 것이 온통 그런 것들입니다. 아이가 아직 어리다거나 그 나이 때 당신은 몇 시간씩 고무줄놀이를 하고 놀았다는 이유로 반대하면 당신과 아이 사이에 골만 깊어질 뿐입니다. 물론 과유불급이긴 합니다. 그러니 아이가 좋아하는 캐릭터 인형과 함께 태블릿 PC나 스마트폰을 건네면서 사용 시간을 제한하세요. 태블릿 PC도 스마트폰도 없다고요? 그 정도로 나이 든 분은 아닐 텐데 좀 의외네요. 시대의 흐름에 뒤처지고 싶지 않다는 생각이 든다면 지금이 절호의 기회랍니다.

짐작하시겠지만, 초보 할머니는 창작력과 독창성을 보여주어야 합니다. 할머니는 주로 단둘이 하는 활동을 통해 아이에게 특별한 추억을 만들어주지요. 세상에 널려 있는 새로운 것들을 손자나 손녀에게 보여주고, 감각을 일깨우고, 거기서 행복을 맛보게 해주려면, 예전부터 할머니들이 하던 일들을 기본으로 하되 아이디어를 좀 짜내야 합니다.

03 :

오감의 발달

그냥 보고 듣고 느끼고 먹는 것 말고, 눈여겨보고 귀 기울여 듣고 깊게 호흡하고 직접 만져보는 데 있어서 너무 늦은 때는 없습니다. 그렇다고 너무 이른 때도 없지요. 아이의 조그마한 몸에 있는 감각들이 이미 깨어 있기는 하지만, 할머니가 인내와 기술을 가지고 어떻게 문을 열어주느냐에 따라 아이의 감각을 더욱 발달시킬 수 있답니다.

눈

아이는 그냥 보는 것과 유심히 보는 것을 구별하지 못합니다. 자연으로 데리고 나가 개미나 꽃이나 나뭇잎에 관한 이야기를 해줘서 들여다보게 하는 것보다 더 좋은 것이 있을까요? 빨간색과 초록색 신호등, 가지각색의 사람들, 모르는 음식들로 넘쳐나는 시장을 비롯해 카트에 앉아 이리저리 돌아다니는 신기한 경험을 할 수 있는 넓은 할인매장도 새로운 발견의 원천이 될 수 있습니다. 아이가 새롭게 발견하는 모든 것이 설명해주고 이야기를 나누는 멋진 소재가 됩니다. 또한 아이로 하여금 주위에 있는 것들을 더 유심히 살펴보게 만들죠.

그림책도 시각을 발달시키는 훌륭한 원천이니, 다양한 색채의 예쁜 그림이 담긴 그림책으로 아이의 눈을 즐겁게 해주세요.

손

촉각을 느끼는 데 빼놓을 수 없는 것이 인형입니다. 수도 없이 만지고 빨아대고 세탁해서 너덜너덜해진 인형이라도 매우 소중하죠. 벨벳 천과 복숭아 껍질의 느낌이 다르다는 것, 나무로 된 가구와 파인애플 껍질의 꺼칠꺼칠함이 다르다는 것, 미지근함과 차가움의 차이 등 다양한 촉각을 느끼게 해주는 물건이 당신 집에도 많이 있을 겁니다.

아이의 눈을 가리고 다양한 물건을 알아맞히는 놀이를 해보세요. 촉각에 좀 더 주의를 기울이면 아이의 감각이 얼마나 빨리 깨어나는지 보게 될 겁니다.

귀

세상은 아이가 재미있게 구별할 수 있는 소리들로 넘쳐납니다. 종소리, 개 짖는 소리, 멀리서 들리는 기차 소리, 도로를 지나가는 청소차 소리는 아이가 당신 집에서 보낸 순간을 떠올리게 합니다. 할머니 집에서 듣던 닭 울음소리나 학교에서 쉬는 시간이 끝난 것을 알리던 종소리에 추억을 갖고 있지 않은 사람이 있을까요?

혹시 당신이 음악을 좋아하지 않는다면, 음악이 지닌 매력을 감지하지 못할 수도 있습니다. 안타까운 경우지요. 끝없이 반복되는 동요 또는 라디오나 텔레비전에서 나오는 노래들보다 훨씬 멋진 곡들이 많이 있는데 말입니다. 반면 당신이 아름다운 음악을 좋아하고 나중에 아이의 피아노나 바이올린 레슨비를 대줄 생각을 하고 있다면, 음악 시간을 지루하게 만드는 대표 레퍼토리인 프로코피예프의 〈피터와 늑대〉부터 들려주지는 마세요. 아이의 음악적 선택은 머지않아 당신의 영역을 벗어나겠지만, 그래도 당신이 할 일은 늘 있을 겁니다.

코

냄새 맡고, 숨쉬고, 별것 아닌 것의 향을 맡아보고, 콧구멍을 한껏 벌린 채 모든 향기를 가슴속까지 빨아들여 최대한 오랫동안 간직하게 하는 교육법을 권해드리고 싶네요. 냄새는 유년 시절의 정수로, 평생 동안 기억됩니다. 물론 모든 냄새를 다 기억하는 건 아니지만, 몇 가지 냄새는 영원히 각인되는 힘을 갖고 있습니다. 초콜릿, 향수, 토스트, 아침 장미, 슈크루트*나 교과서 냄새에서 곧바로 어떤 사람이나 장소를 정확히 떠올리며 향수에 젖어 미소 짓게 될 겁니다. 냄새를 포착해서 기억하는 법을 어린아이에게 가르치는 것은 지금은 놀이지만, 이후의 인생을 위한 멋진 선물이기도 합니다.

입

특히 맛에서는 할머니의 역할이 매우 중요합니다. 대부분의 사람들에게 세상에서 가장 맛있는 음식을 만들어준 사람은 단연 할머니니까요. 영양가를 따져가며 열심히 음식을 해 먹여도, 자녀가 당신이 만들어준 음식을 인상 깊게 기억하는 경우는 극히 드뭅니다. 학교에 가지 않는 비 오는 수요일에 함께 만들었던 초콜릿 케이크 정도라면 모를까. 청소년이 되면 아이들의 식성은 쉽게 접할 수 있고 비싸지 않아서 친구들끼리 먹을 수 있는 '패스트푸드' 쪽으로 금세 바뀝니다. 주로 피자, 스파게티, 초밥, 샐러드, 아이스크림과 유제품을 먹고, 가끔 가다 먹고 싶어지면 동네 정육점에서 질 좋은 스테이크나 닭꼬치를 사오기도 하죠. 틀림없이 당신은 막으려 들 테

---

*소금에 절여 발효시킨 양배추와 다양한 소시지, 훈제햄, 베이컨, 감자 등으로 만든 프랑스 음식.

지만, 예외적인 경우가 아니라면 당신 손주는 숟가락질을 하게 되면서부터 정크푸드의 매력에 빠질 위험이 다분합니다. 그렇다고 호들갑을 떨 필요는 없답니다. 어차피 아이들이 그런 음식을 먹는 것을 막을 수는 없는데, 그 이유는 두 가지입니다. 첫째, 아이 부모가 정신없이 일을 하기 때문에 아이에게 음식을 만들어줄 시간이 거의 없습니다. 둘째, 솔직히 말해 정크푸드가 더 맛있습니다.

그러니 할머니인 당신이라도 손주에게 다른 맛을 발견하게 해주세요. 집에서 만든 보기 좋고 맛도 좋은 음식들로 아이의 미각을 풍요롭게 해주세요. 바삭바삭한 생선구이나 신선한 토마토소스를 넣은 미트볼, 오랫동안 뭉근히 끓인 소고기 스튜, 밭에서 기른 딸기로 만든 무스 케이크, 갓 구워 따끈따끈한 사브레*, 감자튀김처럼 손으로 집어먹을 수 있는 버터에 버무린 신선한 푸른 콩 등을 말입니다. 햄 썰어 넣고 케첩을 뿌린 볶음밥보다야 만드는 시간이 더 걸리겠지만, 아이가 더 달라고 할 때면 굉장한 뿌듯함을 느끼게 될 겁니다.

'편식을 하면 안 된다'며 강압적으로 음식을 먹이는 방법은

---

* 버터를 많이 넣은 부드러운 반죽으로 만든 소프트 쿠키. 표면에 설탕을 뿌려 바삭바삭한 느낌이 난다.

더 이상 통하지 않습니다. 아이가 싫어하는 음식을 좋아하게 만들려면 대단한 인내심이 있어야 합니다. 아이에게 먹어보라고 권하되 강요하지는 마세요. 아이의 미각을 열어주는 것이 관건이지, 꽃상추나 붉은 배추, 기름에 절인 정어리로 식욕을 잃게 하는 것이 목적이 아닙니다. 아이가 아직 받아들일 수 없는 맛들이 있다는 것도 잊지 마세요. 향신료, 마늘, 양파, 향신 채소, 겨자, 식초 등 맛과 향이 강한 재료들은 아이가 거부하거나 정색하며 뱉어낼 수 있습니다.

마미 쾨르 할머니(저랍니다…)의 경험담

"일 드 레에서 막심과 함께 보낸 첫 바캉스가 기억나네요. 당시에 막심은 두 살 반이었는데, 햄을 넣은 퓌레와 바나나 말고는 거의 아무것도 먹지 않았답니다. 어느 날 점심때 갓 잡은 신선한 새우를 먹어보라고 했는데 역시 먹지 않더군요. 새우를 보더니 무서워하더라고요. 그래서 새우의 눈, 다리, 꼬리, 수염을 보여주면서, 새우는 바다에서 자기 가족들과 함께 살았고, 별로 귀엽게 생기지는 않았지만 그게 새우의 잘못은 아니라고 설명해줬죠. 아이가 안쓰러워하는 눈빛으로 새우를 바라보는 순간, 껍질을 벗겨 아이에게 건넸죠. 그러자 의심스러운 눈초리로 혀끝을 내밀어 살짝 맛을 보더니, 과감히 입안에 넣더라고요. 당연히 뱉어낼 줄 알았는데 그러지 않더군요. 꼭꼭 씹어서 삼키더니, 어머나 세상에, 손가락을 뻗어 또 다른 새우를 가리키는 거 있죠.

그래서 다음날엔 크림을 넣은 홍합 요리를 시도해봤는데, 놀라지 마세요, 무척 좋아하더라고요! 아이 부모가 얼마나 신기해했는지 몰라요."

| 오감을 활용한 다양한 놀이를 고안해보세요 |

04

괴짜 할머니

다른 시대, 다른 놀이: 리얼리티 쇼

여기서 TV 리얼리티 쇼에 대해 다룰 거라고 생각한다면 오산입니다. 우선 그건 이 책의 주제와 맞지 않을뿐더러, 그런 프로그램이 요즘 아이들에게 미치는 영향은 창세기에서 소돔과 고모라가 아이들 교육에 미쳤던 영향과 같으니까요. 진실은 리얼리티 쇼가 아닌 다른 곳에 있답니다. 기억하시나요? 뱃속의 아이가 세상에 나오기를 기다리는 동안 아이 부모는 앞으로 아이를 어떻게 교육할 것인가에 대해 자주 대화를 나누었고, 당신은 그들이 다음과 같이 말하는 것을 듣고 속으로 코웃음을 쳤죠.

- 아이가 '고맙습니다' '안녕하세요' '안녕히 가세요'라는 말을 빨리 배울 것이다.
- 식사할 때 식탁에 똑바로 앉아 있을 것이다.
- 편식을 하지 않을 것이다.
- 잠투정을 하지 않을 것이다.

- 거짓말을 하지 않을 것이다.
- 나쁜 말을 하지 않을 것이다.
- 변덕을 부리지 않을 것이다.
- 버르장머리 없게 굴지 않을 것이다.
- 하루 종일 텔레비전 앞에 붙어 있는 옆집 아들처럼 되지 않을 것이다.

아이가 자기 자신 및 다른 사람들에게 상냥하게 굴고 까탈스럽지 않게 자랐으면 하는 마음에 기본예절을 주입시키려는 건 알겠지만, 아이가 텔레비전 보는 걸 막겠다는 것은 다분히 유토피아적 발상일 뿐입니다. 아이 앞에서 텔레비전을 한 번, 딱 한 번만 켜보세요. 아이는 바로 중독된답니다. 이렇게 말하고 싶네요. 원래 그런 것이고 당신이 딱히 할 수 있는 일은 없다고요. 그러니 초보 할머니, 집에 텔레비전이 없는 경우가 아니라면, 이미 진 싸움이니 그 문제로 아이와 힘들게 씨름하지 마세요. 텔레비전은 우리의 생활 속에 깊숙이 들어왔고 집집마다 있기 때문에, 아이든 어른이든 학교에서, 회사에서, 저녁 모임에서 소외되고 싶지 않으면 보지 않을 수가 없습니다. 물론 아이가 자랄수록 할머니의 역할이 더욱 신중해져야 한다는 원칙에서 말씀드리면, 텔레비전 시청과 관련해 규칙을 정해놓고 지켜야 하는 것은 분명한 사실입니다. 꼬마 녀석이 잔뜩 골을 내는 바람에 당신이 약속을 어기게 되는 상황이 발생하지 않도록 다음의 사항을 기억하시기 바랍니다.

원칙 1

아이가 TV 프로그램을 가리지 않고 보게 해서는 안 됩니다. 아이의 감수성에 유해하기 때문만은 아닙니다. 무해해 보이는 프로그램 중에도 아이를 불안에 빠뜨리고, 아이에게 두려움을 주고, 악몽을 꾸게 하고, 세상에 대해 가지고 있는 순수한 시각에 혼란을 일으키는 것들이 있습니다.

아프리카 또는 다른 나라에 사는 동물들에 관한 아름다운 다큐멘터리 프로그램을 예로 들겠습니다. 이국의 멋진 풍경이 펼쳐지고, 암사자가 사바나에서 새끼들과 함께 걸어가는 모습이 보입니다. 하늘에는 커다란 새들이 날고 있고, 세상은 행복해 보입니다. 갑자기 카메라가 저 멀리 있는 가젤을 비춥니다. 가젤을 발견한 암사자가 걸음을 멈추고 냄새를 맡더니, 숨어 있다가 햇빛에 노래진 풀 속에서 갑자기 튀어나와서 가여운 가젤을 잡아 물어뜯습니다. 그 사이 하늘에서는 새들이 빙글빙글 날아다니며 남은 사체라도 먹으려고 기회를 엿봅니다.

동물의 세계를 보여주려고 텔레비전 앞에 평화롭게 앉아 있다가, 위와 같은 끔찍한 장면을 아이에게 보여주게 됩니다. 이 장면으로 인해, 세상의 폭력이나 야만성에 대해 아직 아무 것도 모르는 아이의 순진무구한 머릿속에 어떤 참화가 일어나고 있는지는 아무도 알 수 없답니다. 이렇듯 무해해 보이는 프로그램 중에도 조심해야 할 것들이 있지만, 어린이를 대상으로 하는 프로그램에 대해서는 안심해도 됩니다. 그런 프로그램들은 교육용으로 만든 보석 같은 프로그램으로, 등장하는 인물들이 어린이의 인성 개발에 필요한 꿈과 마술과 환상을 가져다줍니다. 모든 채널에서 이런 어린이 프로그램을 찾아볼 수 있습니다.

원칙 2

2~5세의 아이는 한 번에 10분 이상 텔레비전을 봐서는 안 됩니다. 그러니 부엌에서 할 일이 있더라도 아이가 오랫동안 텔레비전을 보도록 놔두지 마세요. 아이 곁에서 아이가 하는 질문에 대답해주거나 이해하지 못하는 것들에 대해 설명해주는 것이 중요합니다. 그런 식으로 당신은 뽀로로, 도라에몽, 쿠쿠, 노디, 바바르, 스펀지 밥, 갈색 아기 곰, 꼬마 니콜라, 멍청한 토끼들 등 멋진 아이들의 세상을 발견하게 될 것이고,

그것들이 얼마나 귀여운지도 알게 될 겁니다. 유년기의 귀여운 세상에 동화되는 것은 그 누구도 포기할 수 없는 젊음의 원천이랍니다.

원칙 3

당연히 식사하는 동안에는(가능하면 부모가 식사하는 동안에도) 텔레비전을 보지 못하게 하고, 당신은 보지 않더라도 아이는 볼 테니 텔레비전을 계속 틀어놓는 일은 없어야 합니다. 지속적인 시청각 공해는 아이에게 떨쳐버리기 힘든 욕구를 불러일으키기도 합니다.

태블릿 PC, 플레이스테이션: 신비의 묘약!

어느 날 18개월 된 쥘리가 8년간 매일 스마트폰을 사용해 온 저만큼이나 능숙하게 스마트폰을 조작하는 걸 보았답니다! 자기가 좋아하는 애플리케이션을 선택하고는, 조그만 손가락을 화면에 대고 밀어서 10살짜리 아이처럼 능숙하게 게임을 하더군요. 그 모습을 보고 저는 깜짝 놀랐고, 동시에 내가 이제는 구시대 물건이 돼버린 트랜지스터와 함께 살아왔다면, 이 세대는 스크린과 더불어 살아간다는 생각이 들었습니다. 저는 트랜지스터 시대에 태어났고, 트랜지스터가 없는 젊은 시절은 단 1초도 상상할 수 없답니다. 그건 지금의 아이들도 마찬가지겠지요. 감탄할 필요도 그렇다고 반대할 필요도 없는 사실입니다. 아이들은 스크린의 역할과 기능을 바로바로 이해합니다. 그런 상황에서 당신 손주만 태블릿 PC를 사용할 줄 모르길 바라시는 건 아니죠? 인상 쓰지 마시고 아이가 가지고 놀게 하되, 이때도 사용 시간을 엄격히 지켜주세요. 아이 부모조차 몹시 좋아해서 아이가 아주 어릴 때부터 사용하게 해준 플레이스테이션도 마찬가지입니다. 그러나 남용은 안 됩니다. 특히 식사 후나 자기 전에는 안 됩니다. 아이가 더 흥분하게 되고, 소화와 수면에 해로운 부신피질 호르몬이 과다 분비되거든요.

지칠 줄 모르는 DVD 사랑

어느 날 당신이 아이에게 처음으로 DVD를 선물합니다. 짐작건대 아이가 당신의 유년기를 달래주었던 멋진 이야기 속으로 빠져들기를 바라는 마음으로 월트디즈니의 만화영화를 골랐을 겁니다. 하지만 일곱 난쟁이, 미키마우스, 도날드 덕, 플루토, 신데렐라나 모글리가 아이의 마음속에 점점 큰 열정을 불러일으키리라는 것은 미처 알지 못했을 겁니다. 이제 아이는 단 하루도, 단 한 시간도 만화영화를 보여달라고 조르지 않는 때가 없으며, 지치거나 싫증내는 법 없이 만화영화를 보고 또 볼 겁니다. 좋아하는 만화영화에서 어린 인생의 본질이라도 발견한 것처럼, DVD를 보면 볼수록 더 보고 싶어할 거라고 말씀드리고 싶네요. 아이는 전율하고, 동요하고, 예측하고, 근심하고, 동일시하고, 화면 속에 푹 빠져서 늑대를 감시하고, 멋진 왕자를 기다리고, 마녀를 쫓아내고, 처음 볼 때나 서른 번째 볼 때나 똑같이 안도의 한숨을 내쉽니다.

아이가 그러는 동안 당신은 어떤가요? 같은 만화영화를 수십 번도 넘게 되풀이해서 봐야 하는데다, 아이가 매번 "근데 왜 늑대는 돼지들을 잡아먹으려고 해요? 저 여자는 왜 사과를 먹어요? 난쟁이들은 왜 작아요? 왜, 왜, 왜…" 하며 묻는 말에 일일이 대꾸를 해야 하니 돌아버리기 일보 직전이죠.

당신은 이런 지겨움에서 벗어나기 위해 새로운 DVD를 구매할 텐데, 그건 실수하시는 겁니다. 당신에겐 이해되지 않는 이유로 아이가 좋아라하며 줄창 보는 DVD는 세상에 딱 하나뿐이고 다른 것으로 대체할 수 없을 테니까요.

05

할머니, 옛날이야기 해주세요!

드디어 당신이 원하던 순간이 왔습니다! 아이는 손주 역할을 완벽하게 하고 있으니, 이제는 당신 차례입니다. 아이의 기대에 부응해보세요. 아이에게 옛날이야기를 들려주는 거예요. 구불구불한 인생길을 걸어오며 삶의 부침에 이리저리 휩쓸리느라 동심을 잃어버렸다면 너무나 슬픈 일입니다. 천지개벽 이래 할머니들은 변함없이 손주에게 아름다운 옛날이야기를 들려주고 있습니다. 크로마뇽인 아기도 신비로운 맘모스 이야기를 듣지 않고는 잠들지 않았다고 하더군요!

여러 세대 동안 효력이 입증됐고 여전히 효력이 있지만 21세기 아이들의 기준에 딱 들어맞지는 않는 여러 방법 중에서 가장 쉬운 건 뭐니 뭐니 해도 동화책에서 소재를 찾는 것이겠지요.

즉석에서 이야기를 만들어내는 것은 어렵지만 그래도 한번 해볼 것을 권합니다. 지어낸 이야기는 줄거리를 바꿀 수 있고, 아이가 무서워하거나 흥분하지 않도록 서스펜스를 조절할 수 있고, 꼬마 천사의 눈이 깜빡이는 정도에 따라 길이를 늘이거나 줄일 수 있으며, 당신 안에 숨겨져 있던 놀라운 부분을 발견하게 합니다.

저의 경우

"할머니는 어린 제가 여배우 셜리 템플을 닮기를 꿈꾸셨고, 그렇게 만들기 위해 저를 앉혀놓고 고데기로 머리카락을 열심히 말아주시고는 배우 같은 헤어스타일을 흐뭇한 표정으로 바라보셨죠. 그러려면 아주 오랫동안 부엌 근처에 있는 등받이 없는 의자에 얌전히 앉아 있어야 했는데, 얼마 참지 못하고 몸을 이리저리 뒤척이다가 머리를 데곤 했어요. 할머니가 심술궂은 모니크 이야기를 지어내서 해주시기 전까지요. 그 못된 여자아이는 계속 짓궂은 장난을 치고 비겁한 행동과 언행을 일삼아 나처럼 얌전한 아이를 깜짝 놀라게 만들면서도 한편으로는 부러운 마음이 들게 했죠. 할머니가 이야기를 어찌나 잘 지어내시고, 모니크가 하는 나쁜 짓의 수위를 어찌나 잘 조절하시던지, 머리카락 마는 시간이 길다는 것을 느끼지 못할 정도로 숨죽이며 들었죠. 머리카락을 말 때마다 이야기를 실컷 들었지만, 다음 이야기를 더 듣고 싶어 얼마나 안달이 났는지 몰라요. 머리카락을 고데기로 말 때만 새로운 에피소드를 들을 수 있었거든요. 이제는 제가 할머니가 되어 사랑스러운 손주 막스를 재우기 위해 상상력을 발휘해야 했죠(쉽지는 않았어요). 하늘나라에 계신 할머니가 저에게 윙크를 하면서 모니크 이야기의 효력을 상기시켜주셨고, 그렇게 해서 우리 동네에 달걀을 공급해주는 나이 든 농부 르노댕 씨의 닭장 속에서 아침마다 금달걀을 낳는 놀라운 파란 암탉 이야기가 탄생하게 되었답니다. 이야기 속에서 르노댕 씨는 암탉 덕분에 부자가 되어 세계일주를 하고, 새 트랙터를 사고, 월드컵 경기를 보고, 동네 아이들에게 깜짝 놀랄 만한 선물을 하는 등 저녁마다 놀라운 모험 이야기의 주인공이 되었답니다. 사실 그 친절한 아저씨는 한 번도 이 마을을 떠나본 적이 없고, 옛날 농부의 마지막 세대에 속하는 분이었죠. 파란 암탉 덕분에 르노댕 씨가 그런 모험을 할 수 있게 되었다는 생각에 막스는 황홀해했고 무척이나 기뻐했답니다. 막스는 입가에 미소를 띠며 잠이 들었고, 저는 할머니의 의무를 완수했다는 가벼운 마음으로 살금살금 아이의 방을 나오곤 했어요."

어떻게 즉석에서 이야기를 만들어낼 것인가

이 책을 마무리할 시간이 다가오는 만큼, 이별 선물로 아이디어가 부족할 때 도움이 되는 '옛날이야기' 만드는 비결을 알려드립니다.

비결 1

등장인물(남자아이, 여자아이, 동물)을 만들어 이름을 붙여주고, 어떻게 태어났는지 이야기합니다. 예를 들어 "이건 3년 전 바닷가 근처에 있는 예쁜 파란색 집에서 태어난 남자아이 토미의 이야기야"처럼요.

비결 2

가족관계를 설정합니다. 예를 들어 "토미의 아빠는 키가 무척 컸고, 늘 챙 없는 오렌지색 모자를 쓰고 다니셨어. 매일 아침 배를 타고 바다로 물고기를 잡으러 나갔고, 잡은 물고기는 시장에 내다 파셨어. 토미 엄마는 긴 금발 머리에 아주 예뻤고 장난감 가게를 하셨는데, 아이들이 그곳을 너무나 좋아했지. 사람들은 그곳을 마법의 가게라고 했어." 하는 식으로요.

모험이나 마법에 대해 잠시 언급해도 좋지만 딱 거기까지만! 그 이상은 말하지 마세요! 그래야 아이의 머릿속에 등장

인물들이 하나 둘씩 살아나고 집, 배, 가게, 토미의 엄마 아빠가 그려집니다. 그런 다음 주인공인 토미의 이야기로 돌아가세요.

비결 3

토미는 얌전한 아이가 아니었어. 매일 말썽을 일으켜서 부모님에게 야단을 맞곤 했지. 부모님은 토미에게 구석에 서 있도록 하는 벌을 내렸어.

얌전하지 않고 말썽을 일으키는 꼬마 남자아이? 다름 아닌 당신의 손주죠! 이제 본론으로 들어가야 합니다.

비결 4

액션!!!

그러던 어느 날…

자, 여기서부터 일련의 에피소드를 만들어보세요!!!

| 이야기를 만들어내는 당신만의 아이디어 |

크고 작은 불협화음

지금까지 당신은 초보 할머니는 언제나 황홀함 속에 살고, 눈에 넣어도 아프지 않은 손주와 함께 보내는 순간은 늘 달콤하고 환희와 웃음과 포옹과 친밀함으로만 가득하다고 생각해왔습니다. 물론 대부분의 경우는 그렇습니다만, 꼭 그렇기만 한 것은 아닙니다. 이제부터는 당신이 너무나 잘 알고 있는, 피곤하고 허리가 아파 푹신한 의자에 몸을 기대고 싶어하는 젊은 엄마의 모습이 다시 보이기 시작합니다.

01 :

잡역부 할머니

오후 5시, 아이 부모가 다급한 목소리로 전화를 걸어옵니다. 부모 둘 다, 심지어 아이 봐주던 사람조차 어린이집이나 유치원이나 학교로 아이를 데리러 갈 수가 없다는 거죠. 당신도 시간이 안 되나요? 그럴 리가요, 당신은 손주가 아무도 없이 혼자 있다는 생각에 걱정이 돼 차에 뛰어올라 쏜살같이 달려가서는 별 탈 없이 무사하게 있는 아이를 보고는 눈물을 흘리는데, 아마도 그건 머리카락을 휘날리며 달려오는 내내 당신 얼굴을 때린 바람 탓일 겁니다.

공원 산책

아이가 걷고, 뛰고, 기어오르고, 다른 아이의 장난감을 빼앗고, 자기 장난감은 빌려주지 않고, 배고파하고, 목말라하고, 쉬가 마렵다고 할 때부터 아이는 당신 눈을 벗어나 숨는 놀이를 좋아하게 되고(당신에겐 최악의 스트레스죠) 공원 산책이 힘들어집니다. 아이는 공원 산책을 통해 전원의 즐거움을 만끽하지만, 당신은 피로만 잔뜩 느낍니다. 단 한 시도 아이에게서

211

눈을 뗄 수 없고 늘 불안하지요. 아이 이름을 계속 불러대고, 일어났다 앉았다 하고, 공을 던져주고, 수풀에서 주워오고, 과일 주스가 든 젖병을 꺼내고, 녹아버린 초콜릿 바 껍질을 벗겨주고, 아이 입을 닦아주고, 조끼를 입히고 벗기고, 신발에 묻은 흙을 털어주고, 모자와 장갑을 들어주고, 아이를 야단치고, 아프다고 해서 호 해주고, 다른 할머니들과 대화를 나누고, 마지막으로 집에 돌아가기 싫다며 아이가 유모차에서 빽빽 울어대는 통에 얼이 쑥 빠져버린 채로 집에 돌아가게 된다 해도 과언이 아닙니다.

그 밖의 장소로 외출하기

인형극, 서커스, 놀이공원, 동물원 및 다른 어린이 놀이시설을 이용하는 데도 정신적, 심리적으로 강한 훈련이 필요합니다. 꿋꿋이 버티려면 도교 스님들 말씀처럼 오랜 시간 몸과 마음을 다스려야 하기 때문입니다. 당신도 피할 수 없는 일이니, 되도록 다음의 상황에 대비해야 합니다.

- 아이가 과도하게 흥분해서 괴성을 지를 때.
- 오줌이 마렵다는데 화장실 앞에 줄이 길게 늘어서 있을 때.
- 사람이나 동물 앞에서 아이가 난데없이 무서워할 때.

- 아이가 배가 아프다고 해서 갑자기 자리를 떠야 할 때.
- 차 안에서 운전하는 당신 뒤에서 아이가 계속 등받이를 발로 차는데도 그러지 말라고 말할 수 없을 때.
- 아이가 공연을 잘 볼 수 있도록 2킬로그램짜리 아이를 안고 있어야 할 때.
- "배고파, 더워, 목말라, 배 아파, 이거 사줘, 언제 끝나"라고 말하며 보챌 때.

바닷가나 수영장에 가는 날도 잊어버리지 말아야겠죠. 이때는 한순간도 경계심을 늦춰서는 안 되는 만큼, 세상의 모든 할머니들에게 악몽 그 자체랍니다. 단 1초라도 아이가 보이지 않으면 온몸의 피가 굳어버릴 테니까요. 이것이 다가 아닙니다! 간식, 기저귀, 갈아입힐 옷, 파라솔, 삽과 양동이, 물속과 해변에서 가지고 놀 장난감의 무게 때문에 웬만큼 체력 좋은 여성도 허리가 휘어버리는 '짐 들기'가 있습니다. 한시도 아이에게서 눈을 떼지 않고 헌신하는 동안 정작 당신은 자신을 보호하는 것도 잊어버릴 테니, 햇볕에 과도하게 노출되어 그을려버린 어깨에는 이날의 쓸쓸한 추억이 고스란히 남겠죠.

놀아주는 일의 고역

당신은 너무나 좋은 할머니이고 모든 사람이 그 사실을 알고 있습니다. 하지만 당신을 진저리 치게 만드는 일이 하나 있지요. 우리끼리 얘기지만, 그건 바로 아이와 놀아주는 일입니다. 15분 동안 스티커를 붙이는 거야 괜찮습니다. 하지만 두 시간이 지나서도 여전히 그러고 있어야 한다면, 그때 싫증을 느끼는 건 어느 정도 정당하다고 봐야겠죠. 인형 놀이, 가게 놀이, 레고 놀이를 잠깐만 하면 재미있지만, 아이가 "할머니, 또요, 또요"라고 스무 번씩 말한다면 무척 지치는 일입니다! 실내에서 여러 사람이 하는 게임을 지치지도 않고 하고 또 하자고 한다면? 당신은 심드렁한 표정으로 게임을 하면서 머릿속으로 다른 생각을 하지 않을 수 없을 것이고, 어느 순간 꾸벅꾸벅 졸거나 손주로부터 "할머니 나빠!"라는 말을 들을 각오를 하고 게임을 끝내려고 할 겁니다.

그럼에도 불구하고 몇 년이 지나면 그 시절의 가장 좋았던 순간들, 다시 말해 손주와 머리를 맞대고 보낸 특별하고 감동 어린 순간들의 추억만을 간직하게 되겠죠. 할머니들이 그렇다니까요. 나쁜 건 다 잊어버리죠.

02

낙담한 할머니

아직 푸념을 늘어놓을 때는 아닙니다. 할머니가 된 지 얼마 안 된 당신은 매순간을 행복하게 음미하고 있겠죠. 하지만 이 주제를 굳이 다루는 이유는 당신도 때로 불쾌하고 쓰라린 낙담을 경험하게 될 것이기 때문입니다.

당신 자녀들은 자신들의 설계에 따라 삶을 살아가고 있습니다. 물론 그 삶은 왕 중의 왕인 첫 아이를 중심으로 돌아갑니다. 단 1초만 여유가 생겨도 온통 아이에게 할애하지요. 하등 이상할 것 없는 일입니다. 당신이 과자 한 조각을 원하지만 대부분의 경우 과자 부스러기밖에 얻지 못한다는 점만 빼고 말입니다. 모든 경우가 다 그런 건 아니지만 어쨌든 그런 경향이 매우 일반적이라서, 초반에, 즉 아이가 아주 어릴 때부터 시간 할애를 적극적으로 주장하지 않았다면, 그 유명한 낙담한 할머니 신드롬에 빠지게 될지도 모릅니다.

다음 주말에 손자나 손녀를 보고 싶다고요? 안 될 말이죠, 아이는 저쪽 할머니 집에 간다는데. 돈을 많이 주고 빌린 수

영장 딸린 별장에서 방학 중 며칠을 함께 보내며 손주가 물장구치고 노는 모습을 보고 싶다고요? 안 될 말이죠, 아이 부모는 아이를 데리고 친구들과 함께 코르시카 섬으로 놀러 간다는데. 크리스마스 때는 뭘 한대요? 겨울 스포츠를 즐기러 간다고요. 그래도 주현절에는 오겠죠. 〈마다가스카르〉 6, 7, 8편이 나왔으니 손주를 영화관에 데려가고 싶다고요? 안 될 말이죠, 발음 교정을 받으러 가야 하고, 치과 치료를 예약해놓았고, 소아과 진료를 받아야 한다네요!

불쌍한 할머니! 조금은 당신 아이이기도 한 그 아이에게 당신이 얼마나 애착을 갖고 있는지, 아이와 함께 보낸 순간순간이 당신에게 얼마나 소중한지 전혀 이해하지 못하는 아이 부모의 무심함과 이기주의 앞에서 씁쓸한 눈물을 삼키고 계시군요. 그래도 상황을 너무 심각하게 받아들이지는 마세요. 미래는 당신 손안에 있고, 요령껏 헤쳐갈 줄만 안다면 아이가 당신을 찾는 날이 올 겁니다. 왜냐하면 "할머니 집에서 노는 게 너무 좋으니까!"요.

할머니 vs 할머니

손주가 태어났을 때부터 당신은 이미 저쪽 할머니 때문에 짜증이 나 있는 상태였습니다. 저쪽 할머니도 나쁜 사람은 절대 아닙니다. 하지만 손주에 관한 일이라면 지나치게 극성을 떨고, 독점하려 들고, 사기가 충천하는데다, 당신과는 전혀 다른 부류이거나 최악의 경우 나무랄 데가 전혀 없는 할머니라는 게 문제였죠. 한마디로 말해 당신은 저쪽 할머니가 신경에 거슬렸습니다. 그러나 지금은 이야기가 달라졌습니다. 그 할머니도 아이의 인생에 확실하게 자리매김을 했고, 당신만큼 아이를 사랑하고, 당신만큼 아이의 응석을 받아주고, 당신만큼 자신의 의견을 주장합니다. 뭐랄까요, 모든 부분에서 당신만큼 권리를 갖고 있는 셈이죠.

그런데 눈에 넣어도 아프지 않은 손주에게 외가와 친가 식구들의 지속적인 사랑이 주어진다는 사실에 기뻐해야 함에도 불구하고, 당신은 비난받아 마땅한 경쟁심에서 벗어날 수가 없습니다. 든든한 대가족은 아이에게 사랑, 지지, 균형을 가져다주는 소중한 자산인데도요.

저쪽 할머니는 당신의 동맹군이자 또 다른 당신입니다. 혹시 말도 안 되는 이유로 도끼를 꺼내들고 전쟁을 벌이고 싶은 마음이 든다면, 도끼를 얼른 땅에 묻어버리세요. 이제부터 영원히요.

마미 프랑부아즈의 경험담

"레오폴드가 태어났을 때, 아이의 친할머니인 마무네트 씨가 엄청나게 큰 꽃다발을 배달시켰어요. 규칙상으로는 병실에 꽃을 들일 수 없는데, 간호사가 특별히 봐줄 정도로 멋지더라고요. 저는 임신 기간 내내 딸이 너무나 먹고 싶어하던 초콜릿 한 상자를 가지고 갔는데, 그 선물이 얼마나 초라하게 느껴지던지. 그래도 뭐 어쩔 수 있나요. 그 할머니가 원래 그렇거든요. 늘 다른 사람보다 더 해주는 분이죠.

솔직히 말하면 그것 때문에 짜증이 나더라고요. 물론 그럴 거라고 짐작은 했어요. 아이들이 결혼할 때도 그분이 하나같이 사치스럽고 제 입장에서는 너무 비싼 선물을 하고 싶어해서 얼마나 씨름을 했는지. 손주의 돌 때도 런던에 여행 갔을 때 사왔다면서 기상천외한 선물들을 양팔 가득 들고 와서 짜증이 났는데, 막상 그분이 너무나 기뻐하는 얼굴로 한껏 흥분해서 선물을 건네는 모습을 보니까, 어쩌면 저분은 어렸을 때 사랑을 원하는 만큼 받지 못했나보다, 그래서 나보다 훨씬 돈이 많으니까 아이에게 선물공세를 해서 보상받으려고 하는 걸 수도 있겠다 싶은 생각이 들더라고요. 사실 아이를 버릇없게 만들지 않는 이상 큰 문제가 되지 않고, 무심한 할머니보다야 훨씬 낫죠. 그래서 웃어넘기기로 했더니 그분과의 관계가 무척 좋아지더라고요. 아이가 스무 살이 되면 어떤 선물을 주실지 궁금할 따름이에요. 페라리 한 대? 생-트로페에 있는 집 한 채? 하버드 대학 등록금? 기다려보면 알겠죠."

이본 퐁세-보니솔의 생각은?

적대관계를 없애라.

손주를 두고 양쪽 집안 할머니가 갈등하는 것은 드문 일이 아닙니다. 집안의 가풍과 가치관이 다를 경우에는 특히 그렇습니다. 그럴 때면 두 할머니 사이에 종종 손주를 둘러싼 무의식적 경쟁관계가 형성됩니다. 하지만 그런 관계를 끌고 나가는 건 쓸데없는 짓입니다. 각자의 특성과 차이점을 인정해야 합니다. 그래야 아이가 자율성을 갖게 됩니다. 가족 간의 조화를 위해서만이 아니라, 아이의 정서적 안정을 위해서도 양쪽 할머니가 '하나 되어' 온화하고 인자한 모습을 보여주는 것이 이상적입니다.

가장 합리적인 방법은 두 할머니가 파티, 외출, 휴가 같은 때 연대를 이루어 적대관계를 끝내는 것입니다. 적대관계가 표면으로 드러날 경우, 아이는 두 할머니 사이에서 어떻게 행동해야 할지 고민하게 됩니다.

근심 많은 할머니

우리는 이 책의 첫머리부터 행복한 가정에서 첫 손주를 맞이한다는 포근한 분위기에서 할머니의 역할에 대해 이런저런 이야기를 나누었기 때문에, 그 감미로운 조화를 깨뜨리는 사건에 대해서는 미처 생각하지 못했습니다. 하지만 현실의 일상은 만화영화 속 노디(노디가 누군지는 아시죠?)의 세계가 아니고, 불행히도 당신을 혼란스럽게 만드는 사건들이 발생할 수 있으므로 통찰력을 잃어서는 안 됩니다.

질병

손주의 건강보다 더 중요한 것은 없으니, 최악의 경우부터 이야기하죠. 네, 아이가 아파서 매우 심각한 상황이 발생하면, 수많은 돌덩이가 당신 어깨를 짓누르는 느낌이 들 겁니다. 질병에 직면했을 때 유일한 방책은 아이를 치료하는 의료진이 최고의 실력을 갖추었다고 생각하고 그들을 전적으로 신뢰하는 것입니다. 또한 주저 말고 지인들에게 전화해 조언이나 지지를 받으세요. 어떤 의료진도 흠 없이 완벽할 수는 없지만,

약간의 '연줄'이 있으면 도움이 되는 게 사실이죠.

아픈 아이 앞에서는 절대로 불안한 내색을 해서는 안 됩니다. 힘들더라도 웃는 모습을 보여주고 평소처럼 아이와 이야기를 나누세요. 슬픈 표정으로 이마를 어루만지며 "아이고, 우리 불쌍한 새끼" 같은 말은 하지 마세요. 반대로 아이가 병에서 회복되면 함께 해볼 일들에 대해, 아이 친구들에 대해, 아이의 장난감에 대해, 아이가 집에 돌아오면 기다리고 있을 맛있는 과자에 대해 이야기하세요. 하지만 주의해야 합니다. 허무맹랑한 약속은 금물이에요. 아이가 회복되고 나면 당신이 했던 약속을 기억할 텐데, 그러면 무척 당황스럽겠죠!

되도록 자주 아이를 보러 가고, 조그만 선물을 갖다주고, 많이 안아주세요. 늘 긍정적인 태도를 유지하면서, 아이가 기운을 차리는 데 필요한 에너지를 불어넣어주세요. 예쁘게 차려입고, 몸에서 좋은 향기가 나게 하고, 아이와 함께 많이 웃고, 바보 같은 짓도 해보고, 한마디로 아이에게 즐거움을 선사하세요.

뜻하지 않은 질병 때문에 아이 부모도 매우 불안해할 테고, 심적으로 완전히 황폐해졌을지도 모릅니다. 그러니 근심을 더 보태지 마세요. 아이 부모와 함께 있을 때도 긍정적인 모습을 보이고, 식당에 데려가 저녁을 사주거나 공연을 보여주는 식으로 기분을 풀어주세요. 별것 아닌 일 같지만, 그들에게는 단 몇 시간의 휴식이 큰 도움이 될 겁니다.

불쌍한 할머니, 단단히 마음먹어야 합니다. 앞에서도 말씀드렸듯이, 당신은 가정의 버팀목이고 아이 부모에게 희망과 용기를 보여줘야 하니까요. 그러니 밤을 지새우며 눈물을 펑펑 쏟는 일이 있더라도, 머릿속으로는 이 터널을 지나면 손주가 회복될 거라는 믿음을 가지세요.

불행하게도 아이의 병이 치료 불가능해 평생 고통에서 벗어날 수 없는 경우, 특히 대뇌활동, 호흡, 심장에 이상이 있는 경우 당신과 아이 부모는 어린 환자에 맞춰서 인생을 재구성해야 합니다. 아이의 회복을 위한 사랑과 헌신에 신경 쓰다 보면 슬픔이 조금은 사그라질 겁니다.

부부의 사랑이 식은 경우

당신도 이런 일을 겪어봤을지 모르지만, 이제는 당신 자녀가 이런 상황에 놓이게 되었습니다. 아기 요람을 사이좋게 내려다보던 부부가 서로를 견디지 못합니다. 소리 지르고, 싸우고, 문을 쾅 닫고, 짐을 싸는 일이 벌어지더니, 급기야 헤어지기로 결심하고는 당신에게 아주 조심스럽게 이혼을 결정했다고 알립니다. 결혼을 신성시하고 부부 사이에 갈등이 생겨도 참고 또 참았던 세대인 당신에게 말입니다. 하지만 그들 세대는 다릅니다. 앞길이 구만리 같은 두 사람에게 도저히 참을 수 없는 상황을 인내한다는 것은 말도 안 되는 이야기입니다. 집을 산 지 2년밖에 안 됐다고요? 팔면 됩니다. 가구와 부엌 살림을 새로 장만한 지 얼마 안 됐다고요? 중고 사이트에 올려 처분하면 됩니다. 개, 고양이, 새가 있다고요? 각자 자기 동물을 데리고 가면 그만입니다.

그럼 아이는? 돌아가며 돌보기

자녀 부부의 사랑의 열매인 손주가 양쪽 집안의 사랑을 받으며 엄마 아빠의 보호 아래 살지 못한다고 생각하면, 앞으로 엄마 아빠가 함께 아이를 안아줄 일은 없다고 생각하면, 할머니로서 가슴이 무너져내릴 겁니다. 엄마 아빠와 함께 살면서 아이가 얼마나 행복해 보였는데 이게 무슨 날벼락인지!

이보세요, 초보 할머니, 이성을 찾으세요. 자녀가 이혼한다고 세상이 끝나는 것도 아니고, 부부 간에 무리 없이 이혼이 진행되면, 아이는 꽤 빠르게 자신의 위치를 파악할 겁니다. 마음의 안정을 찾고 엄마나 아빠를 다시 만나는 걸 기뻐하게 될 거예요. 눈치가 빠른 아이는 곧 크리스마스 파티와 생일파티를 두 번씩 하고 여름휴가도 두 번 가게 된다는 것 그리고 다양한 장난감이 가득한 방 두 개를 갖게 된다는 사실에 기뻐하겠죠.

그렇다면 당신은 어떨까요? 당신도 새로운 상황에 적응해야겠지만 당분간은 '입 다물고 조용히 기다려야' 합니다. 당장 아이의 시간을 관리하는 것이 더 복잡해질 테고, 부부가 각자 아이를 맡는 시간 중 극히 일부분만 함께할 수 있기 때문입니다. 대개 여름방학 중 아이가 엄마, 아빠, 저쪽 할머니와 시간을 보낸 뒤에야 비로소 당신에게 아이와 함께하는 시간, 아침에 아이가 잠에서 깨어난 뒤부터 밤에 졸음이 몰려올 때까지 매순간을 음미하는 꿈같은 일주일이 주어진답니다. 나중에 아이가 자라고 당신이 그 아이의 삶에서 중요한 자리를 차지하게 되면 아이가 저절로 당신을 찾을 것이고, 포근하고 무엇이든 허락되는 할머니 집에 가겠다고 부모를 조를 겁니다.

이본 퐁세 - 보니솔의 생각은?

아이 부모가 부부싸움을 했거나 이혼했을 때, 할머니는 아이의 은신처 역할을 하게 됩니다. 그렇게 아이는 부모 곁에서 겪는 긴장의 순간을 피할 수 있고, 그럼으로써 나중에 아이 부모가 연대 친권 관계를 유지하기가 훨씬 더 쉬워짐니다.

물론 할머니는 아이 부모의 부부싸움에 개입해서는 안 되며, 두 사람 중 어느 한쪽에 나쁜 감정을 가져서는 안 됩니다. 할머니는 기껏해야 중재자 역할이나 긴장을 조금 완화하는 역할을 할 뿐이며, 부부의 이야기뿐 아니라 자기의 근심과 고통을 서슴지 않고 표현하는 아이 말에도 귀 기울여주는 것이 바람직합니다. 상황을 심각하게 여기지 않으면서, 양쪽 집안이나 적대적인 부모 사이에서 지내야 하는 꼬마 녀석을 안심시켜줄 사람이 할머니 말고 누가 있겠어요.

편부모 양육

당신 딸(드물게는 아들)이 '혼자 아이를 기르기로' 결심할 수도 있습니다. 그렇게 되면 그야말로 피가 바짝바짝 타들어가기 시작합니다! 당신 자녀는 미친 사람처럼 일하는데 월급은 쥐꼬리만하고, 친구나 모임도 없고, 온 신경이 아이에게 가 있고, 누구든 자신의 양육방식에 참견하는 걸 결코 참지 못합니다. 특히 당신의 참견을 견디지 못하죠. 이런 상황에서는 어떤 방식으로든 자녀를 돕는 것이 쉽지 않습니다. 가능한 한 멀리서 뭐 필요한 게 없는지, 몸은 건강한지 지켜보는 것 외에는 말입니다. 아이가 학교에 들어갈 때쯤 그 위태로운 시기가 개선되기를 바라자고요. 그러니 인내심을 가지세요. 아니면 당신 딸이 가정을 이뤘던 적이 있는 멋진 남자를 만나 편모 입장에서 벗어나 제대로 된 가정을 꾸리기를 간절히 기도하세요.

세계화의 폐해

당신은 세계화의 실체를 보지 못했습니다. 많은 젊은이들이 이 나라보다 모든 것이 나아 보이는 외국으로 살러 간다는 건 알고 있지만, 당신의 평화로운 삶에 세계화의 바람이 불어 닥치리라고는 생각조차 해본 적이 없을 겁니다. 어느 일요일, 식탁 앞에 앉아 강낭콩을 곁들인 양고기와 디저트를 먹는 중에 당신은 느닷없이 이런 말을 듣게 됩니다.

― 저기, 엄마, 드릴 말씀이 있는데요.

― 무슨 일인데? 둘째라도 생긴 거니?

― 그런 게 아니에요. 우리 회사(이 사람 회사)가 상하이에 사무실을 여는데, 파견 근무 나가는 사람에게 큰 특혜가 주어져요.

씹던 양고기가 갑자기 목에 걸려 넘어가질 않습니다.

― 아, 그래? 그래서?

─그래서 가기로 했어요, 엄마.

─세 식구가 다 말이냐?

─당연히 다 같이 가죠!

─언제?

─두 달 후에 떠나요

─말도 안 돼!

─뭐가 말이 안 돼요, 엄마. 우리한텐 잘된 일이고 2, 3년만
나가 있으면 되는데요, 뭐.

2, 3년이라니, 그게 얼마나 까마득한 시간인데! 아이가 자
라는 걸 보지 못하고, 자는 아이의 냄새를 맡을 수 없고, 솜털
보송보송한 어깨의 보드라운 살을 쓰다듬을 수도 없고, 재잘
거리는 소리도 들을 수 없고, 당신 귀에 대고 비밀을 속삭이
는 소리도 들을 수 없는 2, 3년. 절대적 공허와 기다림과 비탄
의 2, 3년….

─저희 보러 오실 거죠, 엄마? 크리스마스나 여름휴가 때, 오
고 싶을 때 아무 때나 오세요. 언제든지 환영이에요. 상하
이에 가면 아파트가 넓어서 엄마 방도 있을 테니까요.

물론 좋은 생각이죠! 가고 싶을 때 상하이에 가야죠. 하지만 설마 애들이 거기 있는 동안 주말마다 갈까 봐요? 그애들은 내 생각은 조금도 하지 않고, 내가 어떤 마음일지는 조금도 염두에 두지 않고 자기들 인생을 설계하죠. 정말이지 마음에 안 들어요. 그애들 통장에 위안화가 쌓이는 동안, 난 혼자 집구석에서 죽어가라는 거죠!

그리-그리트 할머니의 경험담

"아들 필립이 도쿄에 있는 프렌치 레스토랑에 총괄 셰프로 가게 되었다는 사실을 알았을 때, 처음에는 그애 혼자 간다고 생각해서 마음이 좀 안 좋긴 했지만 그래도 그애한테는 잘된 일이다 싶어 얼마나 기뻤는지 몰라요. 그런데 알고 보니 며느리 오르탕스와 손녀 블랑슈-플뢰르와 함께 간다는 거예요. 그때는 인생이 완전히 끝난 것처럼 너무 공포스럽더군요.

더이상 눈물도 나오지 않을 정도로 실컷 운 뒤 충격에서 벗어나 마음을 다잡고는, 아이가 떠났을 때 최대한 덜 힘들어지게끔 뭔가 해야겠다고 결심했죠. 우선은 아이들이 스카이프 사용법을 가르쳐줬어요. 그 덕에 매주 손녀를 보고, 수다를 떨고, 손녀가 성장하는 모습을 볼 수 있었어요. 안 하는 것보다는 낫더라고요! 그리고 일 년에 두 번 아이들을 만나러 가기로 했죠. 크리스마스와 여름휴가 때 아이들이 귀국하지 않으면 말이에요. 은행 계좌를 하나 만들어, 알고 보면 별 필요도 없는 자잘한 물건들을 사지 않고 열심히 절약해 매년 비행기 표 사는 데 필요한 돈을 마련할 수 있었죠. 아이들을 보고 돌아올 때마다 헤어지는 것이 너무나 가슴이 아팠지만 곧 다음 여행을 기다리기 시작했고, 그게 많이 도움이 되었어요. 그렇게 사는 기간이 길어질 것 같아서 아이들, 특히 두 가지 언어를 구사하기 시작한 우리 손녀를 놀래주려고 일본어를 배우기 시작했어요. 이렇게 떨어져 사는 것이 이상적이라고 말씀드리는 건 아니에요. 아뇨, 그건 절대로 아니랍니다. 하지만 어느 정도 견딜 만해졌고, 아이들이 그곳에서 잘 살고 있고, 아주 행복하고, 올해 둘째를 가질 계획을 진지하게 세우고 있다는 말로 위안을 삼고 있어요. 물론 둘째가 태어나는 걸 보러 가야죠!"

유럽 고속열차 탈리스의 마돈나
미미 로즈 할머니의 경험담

"제 딸아이는 브뤼셀에 정착한 영국 남자와 결혼했어요. 결혼 뒤 2세를 낳으려고 무척 애썼지만 심술궂은 자연의 여신이 도통 허락하지 않은 지도 벌써 5년이 넘은 상황이었죠. 그래도 두 사람 사이의 믿음은 깊었는데, 어느 날 딸아이가 전화를 해서는 남편은 지금 영국에 가는 중이니 저한테 같이 병원에 가달라고 부탁하더군요. 그래서 처음으로 파리-브뤼셀 간 탈리스 고속열차 표를 사면서, 임신이 아닌 걸 알고 딸아이가 슬퍼하고 실망하는 모습을 또 한 번 보게 되는구나 싶었죠. 딸아이를 만나 함께 병원에 갔는데, 임신인지 검사하는 것이 아니라 수정란을 이식하는 거였어요! 그동안 의학이 괄목할 만한 발전을 이뤄온 거죠. 백발의 여자 의사 선생님이 조그만 생명을 딸아이의 몸속 가장 깊은 곳에 넣어주면서 꼭 붙어 있으라고, 건강하라고 응원하는 동안, 저는 딸아이의 손을 꼭 잡아주었답니다! 딸아이가 누운 침대 위에 걸려 있는 모니터를 통해 모든 과정을 지켜봤는데, 내 눈을 믿을 수가 없었어요. 딸아이와 저 사이에, 너무나 아름다운 모성애와 희망이라는 신비로운 서클이 형성되었답니다. 의사 선생님의 촉촉하고 너그러운 눈빛 아래서요. 주체할 수 없는 감동을 느꼈느냐고요? 천만에요. 번개같았다고나 할까요. 그날은 제 인생에서 가장 아름다운 날이었어요. 그렇게 심오하고 의미 있는 순간은 처음이었답니다.

그 뒤 9개월이 지나 너무나 예쁜 손녀 페 로즈가 태어난 뒤엔 그 서클이 정말이지 완벽해졌어요. 처음 페 로즈를 봤을 때 저는 몹시도 고통을 느꼈고, 아이와 헤어질 때도 그랬어요. 브뤼셀은 저에게 반드시 가야 하는 곳이 되었고, 탈리스 고속열차는 제 최고의 벗이 되었답니다. 전 그렇게 할머니로서 첫발을 내디뎠지만, 자식에 대한 딸아이의 지나친 애착 때문에 할머니 역할을 하기가 쉽지 않더라고요! 내 딸처럼, 내 아이처럼, 내 몸처럼, 내 자식의 연장처럼 손녀를 안아주고 예뻐해주고 싶었는데, 딸아이는 '엄마, 얘는 내 딸이에요. 아이 문제는 제가 결정한다고요!'라고 말하면서 만만치 않게 경계했거든요.

저도 꽤나 강하고 권위적인 성격인데, 딸아이한테 호되게 야단을 맞고 나자 주도권을 가진 사람이 내가 아니라는 것을 깨달았어요. 딸내미의 사랑의 성배를 만져보려면 서점에서 '내 아이 잘 키우는 법' 코너를 죄다 뒤져본 딸아이의 일방적인 결정과 기분과 환상과 양육법을 받아들여야만 했죠. 처음에는 저항도 해봤지만 곧 항복하고 말았죠. 첫눈에 반해버리는 그런 종류의 사랑에는 화해와 타협점이 반드시 필요하답니다! 저한테 손녀를 보여주려고 딸이 스카이프로 전화를 할 때면, 저는 벌떡 일어나 하던 일을 모두 멈추곤 했답니다. 아이가 저에게 보내는 작은 미소보다 중요한 것은 없었고, 엄마 젖을 빠는 동안 딸아이의 가슴에 자랑스럽게 얹혀 있는 귀여운 손을 보면 얼마나 기뻤는지 몰라요. 하지만 스카이프가 우리 공주님의 살냄새를 대신하지는 못하죠. 그래서 바퀴 달린 가방을 끌고 가능한 한 빠르게 수도권 고속전철과 그곳 계단과 파리 북역과 탈리스 승강장을 달려 사랑하는 손녀를 만나러 간답니다. 갈 때마다 가슴이 뛰고, 아이 눈에 제 모습이 예쁘게 보일지 신경 쓰이고, 아이가 조금 더 자랐기를, 저에게 웃어주기만을 한없이 바라죠! 열차 안에서 보내는 1시간 20분 동안 분별없는 희망이 제 마음속을 가득 채운답니다. 아이가 날 알아볼 거야. 어쩌면 할머니라고 부를지도 몰라! 그러면서 내 품에 안긴 아이를 상상해보는 거죠. 도착하면 꼬마 요정이 엄마 집에서 저를 기다리고 있죠. 다달이, 시간이 지날수록 아이는 더 많은 반응을 보여요. 시간이 흐를수록 관계가 돈독해지고, 탈리스 고속열차 여행이 더 달콤하게 느껴진답니다. 빨갛고 조그맣던 아기가 하루가 다르게 섬세한 꼬마 여자아이가 되어가고 있으니 말이에요. 머리가 좋아서 엄마 아빠의 모국어인 두 언어로 얼마나 말을 잘하는지 몰라요. 책 읽는 것도 무척 좋아하고, 가공의 인물들로 자기만의 세상을 만들어내죠. 상상력이 톡톡 튀는데다 집에 텔레비전이 없어서, 이야기를 지어내고, 새로운 놀이를 만들어내고, 공주로, 스페인 무용수로, 예쁜 신부로 변신하는 아이디어가 마구 샘솟는답니다.

바퀴 달린 제 여행 가방은 외출할 때마다, 여행할 때마다, 주말마다 사놓은 손녀에게 줄 선물로 가득하답니다. 매순간 내가 아이를 생각하고 있고, 아이가 내 인생 전부를 차지하고 있고, 아이와 함께 살지는 못하지만 늘 곁에 있다고 아이에게 말하는 하나의 방법인 거죠. 아이가 저에게 미미 로즈라는 별명을 붙여줬는데, 조그만 목소리로 저를 그렇게 부르는 게 얼마나 기분 좋은지 몰라요! 전 아이 방 위층에서, 그러니까 난간도 없는 가파른 계단을 걸어올라가야만 하는 꼭대기 층에서 잠을 자죠. 아이가 가장 좋아하는 놀이는 아침 6시 25분에 제 침대 안으로 살그머니 들어와 '할머니, 저예요. 앵무새 이야기 하나 해주세요'라고 말해 조용히 저를 깨우는 거랍니다. 그러면 저는 머릿속은 몽롱하고 눈에 잠이 가득한 채로 하얀 깃털을 갖고 태어나 같은 반 친구들의 웃음거리가 되었다가 나중에 구아슈 한 상자 덕에 천국의 새로 변신한 앵무새 이야기를 스물일곱 번째로 해줍니다. 제가 지어낸 이야기지요.

아이는 누구보다 노래를 잘하고 춤을 잘 춘답니다. 타고난 애교로 절 놀라게 하고 제 마음을 사로잡기도 하죠. 노란 곱슬머리가 찰랑대고 미소는 매력적이에요. 가장 기뻤던 순간은 우리 공주를 영화관에 데리고 갔을 때였어요. 불이 꺼지고 어두워지자 아이의 노란 머리통이 제 쪽으로 파고들길래 제가 아이 귀에 대고 '얘야, 오늘 너와 함께 여기에 와서 할머니는 얼마나 기쁜지 모른단다!'라고 말해주었죠. 그러자 아이가 제 눈을 똑바로 쳐다보더니, '할머니, 알 것 같아요. 나도 그렇거든요!'라고 말하더군요. 제 눈에 기쁨의 눈물이 맺혔지만 어두워서 잘 보이지는 않았죠. 그 기쁨은 이루 말할 수가 없었답니다. 그날 저녁 다시 기차를 탔는데,

전 지구상의 모든 할머니들 중에서, 탈리스 고속열차를 타고 있는 모든 할머니들 중에서 가장 행복했습니다!"

05

벌써 어린이집에 가다니!
손수건을 꺼냅시다

어린이집에 가는 날이 금세 온답니다! 아이의 보조개와 포동포동한 팔을 구석구석 제대로 살펴볼 시간도 없었는데, 꼬마 숙녀 꼬마 신사가 벌써 어린이집에 간다네요.

요즘에는 일주일에 하루 혹은 이틀 정도 준비반을 운영하는 어린이집도 있습니다만, 이미 유아방에 다녀서 공동생활을 하고, 지시를 받고, 부모와 떨어져 지내는 것에 익숙해 있는 경우가 아니라면 아이는 어린이집이 무엇인지 전혀 알지 못합니다.

당황해서 울거나 절망해서 날카로운 비명을 질러대는 다른 아이들 틈에 자기를 혼자 떼어놓고, 부모가 어쩔 줄 몰라하면서도 억지미소를 지어 보이며 창문 너머로 사라지는 모습을 볼 때, 아이가 받는 충격은 이루 말할 수 없습니다. 당신조차 아직까지 기억하고 있을 정도로 엄청난 시련이라 해야 할 겁니다. 공포에 떨면서 지저귀는 작은 새의 첫 비행과 같다고 봐야죠. "내가 어렸을 때는 그렇지 않았어요. 아이 나이가 아직 두 살 반밖에 안 됐는데 부모한테서 떨어뜨려놓는다는 건 비인간적인 처사예요"라고 말하는 소리가 벌써부터 들리네요. 네, 그 마음은 이해합니다만, 당신이 뭘 어쩔 수 있는 상황이 아니니, 근심스러운 표정은 벗어던지고 초보 할머니의 긍정적인 모습을 보여주세요. 이미 손주 여럿을 둔 할머니처럼 말이죠!

우선 아이에게 어린이집 가면 진짜 좋을 거다, 새로운 친구도 많고, 친절한 선생님도 있고 어쩌고저쩌고 하는 소리는 하지 마세요. 아이는 익숙한 것을 좋아하고, 새로운 것에 대한 생각만으로도 마음이 불안해지고 무서워집니다. 아이를 차분히 준비시키려면, 아이와 함께 실제로 어린이집에서 놀아보기를 권합니다.

어린이집에서 놀아보기

아이에게 왜 어린이집에 가야 하는지부터 설명하세요. "모든 아이들이 너처럼 어린이집에 간단다. 어린이집은 네가 아직 모르는 놀이들을 하는 곳이야. 아빠 엄마처럼 어른이 되는 법을 거기서 배우는 거지. 그래야 나중에 컸을 때

일도 할 수 있고, 집도 사고, 자동차도 사고, 옷도 사고, 아이들을 위한 장난감도 사고, 먹는 것도 다 살 수 있지. 선생님은 아이들을 무척 좋아하는 여자분인데, 아이들이 즐거워하고, 재미있게 놀고, 읽고 셈하는 법을 배울 수 있도록 돌봐주실거야. 아이들이 많아서 조용히 시키려고 때때로 야단을 치시기도 하는데, 그럴 때는 선생님이 시키는 대로만 하면 다시 아주 상냥한 분이 된단다"

그리고 아이에게 익숙하지 않은 공간에 작은 탁자를 놓고 아이를 앉힌 다음, 만면에 미소를 띤 채 그 탁자를 어떻게 사용하는 건지 선생님이 하듯 설명해주세요. 가상의 학생을 만들어서 말도 걸어보세요. 아이는 곧 이 놀이에 빠져들 겁니다. 특히 가상의 친구가 어린이집 생활을 자기보다 못하는 경우에는 더 쉽게 빠져들죠. 어린이집에서 보내는 첫날이 어떻게 흘러가는지 아이가 어림짐작할 수 있도록, 낮잠 시간, 간식 시간, 손씻기, 엄마 아빠와의 재회 장면도 연기해보세요.

마지막으로 아이와 함께 책가방을 고르고, 그 안에 새 책과 색연필, 인형을 넣어주는 것을 잊어버리면 안 되겠죠!

당신이 할 일을 제대로 했다면, 어린이집에 갈 때 지나친 눈물바람은 없을 거라고 기대해도 좋습니다. 어른들의 세계로 들어가는 아이의 모습을 보고 너무나 감동한 나머지 당신이 눈물을 흘리지 않는다면요.

06

사랑을 공유하는 일의 어려움

당신 손주는 지금까지 세상의 절대적 중심이었습니다. 가족 모두가 하나밖에 없는 손주를 애지중지하고 예뻐서 어쩔 줄 몰라 했으니 모든 것이 순조로웠지요. 사소한 일에도 당신의 보살핌을 받았고, 당신이 귓속말로 세상에서 가장 사랑한다고 말하면 아이는 한 치의 의심도 없이 그 말을 믿었어요. 그런데 집안에 새로운 아기가 등장하면서 상황이 달라집니다.

남동생, 여동생, 혹은 사촌동생. 구름 한 점 없이 맑았던 하늘을 갑자기 어둡게 만들고 지금까지 자기에게만 쏠려 있던 할머니의 관심을 가로채버린 이 침입자는 도대체 누구죠? 어린아이들은 어른들이 느끼는 질투심이라는 감정을 아직 잘 모르는 것 같지만, 그 비슷한 감정을 똑같이 느낍니다. 난데없이 등장한 '다른 아이'에게 당신이 뽀뽀를 하고 떨리는 목소리로 말하고 감동을 표현할 때, 그때껏 그런 당황스러운 상황을 한 번도 겪어보지 못한 아이의 창자가 꼬이지 않게 하려면 신중히 행동해야 합니다. 조심하세요! 아이가 느끼는 괴로움은 너무도 커서 다양한 방식으로 나타날 수 있습니다. 어떤 아이들은 말이 없어지면서 새롭게 등장한 녀석(꼬집기, 물기, 무시하기, 장난감 가로채기, 안아주지 않기)이나 당신(화내기, 변덕 부리기, 물건 던지기, 침대에서 오줌 싸기, 토하기, 배 아프다고 호소하기)에게 복수를 감행하고, 어떤 아이들은 대놓고 "나 이제 할머니 싫어" 혹은 "할머니는 이제 나 안 좋아해"라고 말하거나 당신을 쳐다보지 않고 말도 안 하는 식으로 반감을 표현합니다. 반대로 동생을 소외시키고 당신을 독차지하려는 듯 당신에게 지나친 애정공세를 퍼붓기도 하지요.

할머니의 가슴은 넓어서 두 아이 모두 사랑할 수 있다는 사실을 그 아이 혼자만 모르고 있고, 당신이 아이에게 너는 여전히 할머니의 사랑스러운 손주라고 수백 번, 수천 번 말해도 소용없습니다. 당신이 자기 동생을 경이로운 표정으로 바라보며 지금까지 자기한테만 했던 상냥한 말들을 속삭이는 모습을 보게 되면, 당신이 하는 말은 더이상 하나도 믿지 않게 될 겁니다.

아이에게는 자신에 대한 할머니의 애정이 식었다는 위기감에 직면하는 중차대한 시기이고, 당신에게도 마찬가지로 중대한 시국입니다. 할머니라는 자리를 잠시 내려놓는 위험을 무릅

쓰면서까지 실수할 권리가 주어지지는 않기 때문이죠.

길게 이야기하고 어려운 말을 늘어놔봤자 아이는 이해하지 못하거나 잘못 받아들일 수 있으니, 이렇게 해보시길 권합니다. 종이 한 장과 가위, 색연필을 준비하세요. 종이에 커다란 하트를 그린 뒤 아이에게 이것이 당신의 마음이라고 말하세요. 그 하트를 네 부분으로 나눕니다. 첫째 칸에 아이 할아버지의 사진을 붙이고, 둘째 칸에는 아이 엄마와 아빠의 사진을, 셋째 칸에는 아이의 사진을, 그리고 마지막인 넷째 칸에는 새로 태어난 아기의 사진을 붙이세요. 그런 다음, 다른 할머니들처럼 당신의 마음속에는 자리가 여럿 있어서 남편, 자식들, 두 명의 손주 등 할머니에게 소중한 사람들을 담아두고 좋아할 수 있다고 설명하세요. 이후에 손주가 더 태어난다 해도, 그때쯤에는 아이도 어느 정도 상황을 이해할 테고, 이런 식의 설명은 더이상 필요하지 않을 겁니다. 현재 아이는 눈으로는 상황을 어느 정도 이해하지만, 그렇다고 완전히 안심하는 건 아니니까 당신과 아이를 연결해주는, 하지만 이제부터는 동생과 함께 나눠야 하는 동작 몇 가지를 아이와 함께 해보세요. 아이 볼에 뽀뽀를 해주고, 새로 태어난 아기 사진에도 살짝 뽀뽀를 하고, 아이를 간질이고, 아기 사진도 간질이고, 아이에게 옛날이야기를 해주고 사진에 있는 아기에게도 해주고, 이런 식으로 당신의 상상력에 맞게 일상에서 애정을 표현하는 사소한 동작을 다 해봅니다. 하트를 잘라낸 아이가 자기 방의 잘 보이는 곳에 붙여놓게 하고, 마지막으로 몰래 숨겨두었던 조그만 선물 두 개를 꺼내세요. 큰 것은 아이에게 주고, 다른 것은 할머니와 함께 준비한 거라며 아이가 직접 아기에게 주게 하세요. 그러고 나면 아이 입장에서는 상황이 훨씬 더 또렷하게 이해될 거예요.

그래도 이런저런 실수를 할 수 있으니, 이것만은 기억하세요

- 남동생이나 여동생 혹은 사촌동생이 생겨서 같이 놀 수 있으니 좋겠다는 말은 하지 마세요. 아이 입장에서는 자기 자리를 훔쳐간 동생에게 장난감을 빌려줘야 하는 것보다 더 나쁜 상황은 없으니까요!
- 이제 동생과 방을 함께 쓰게 될 텐데 네가 나이가 더 많으니 위쪽(혹은 아래쪽) 침대에서 자라고 하지 마세요. 아이가 원하는 건 틀림없이 아래쪽(혹은 위쪽) 침대일 테니까요.
- 아이 앞에서 동생에 대해 이렇다 저렇다 많이 이야기하지 마세요. 아이가 당신 발밑에서 얌전히 놀고 있는 것

같아도, 당신이 하는 말을 하나도 놓치지 않고 듣다가 화가 날 수도 있습니다. 몇 분 뒤에 팬티에 오줌을 싸거나 벽에 사인펜으로 멋진 그림을 마구 그려댄다 해도 놀랄 일이 아니죠.

- 절대로 동생을 위해 아이를 희생시키지 마세요. 예를 들어 아이와 함께 산책 나가거나 간식을 먹거나 DVD를 보기로 했는데, 아기를 좀 봐달라는 부탁에 그 계획을 나중으로 미루는 것 말입니다. 이런 행동은 아이에게 엄청난 배신으로 다가오기 때문에, 아이가 당신에 대한 신뢰를 잃게 되고 큰 대가를 치를 수도 있습니다. 솔직히 그렇게 되어도 이해가 되는 상황이지요.

- 아이 생일 때 동생이 샘낼지 모른다는 이유로 선물을 하나 더 준비하지 마세요. 그날은 오직 그 아이를 위한 날이며 어린 왕자로서 자신의 지위를 되찾는 날입니다. 그런 어설픈 행동으로 파티를 망치지 마세요.

자, 이제 당신은 그 까다로운 시기를 맞이할 준비가 되었습니다. 그렇다고 너무 심각하게 생각할 필요는 없어요. 그 두 마리 새끼 늑대는 머지않아 서로 죽고 못 사는 사이가 될 테니까요. 혹시 그렇게 되지 않고 아이의 성격과 행동에 이상한 변화가 생긴다면, 상황을 조정해줄 소아정신과 전문의의 도움을 받는 것이 좋습니다.

가끔은 당신 집에서 한나절 또는 하룻밤을 아이와 단둘이 보내세요. 아이가 좋아하는 음식을 해주고, 좋아하는 놀이를 하고, 거품을 잔뜩 내서 목욕을 시키고, 당신과 함께 침대에서 아침을 먹는 등, 아이가 행복해하던 모든 일을 함께하는 겁니다. 첫째로서 누리는 그 특권에 당신도 아이만큼이나 기쁨을 느끼게 될 겁니다. 안 그런가요?

행복으로 가는 꽃길을 걸어보세요

여행 가방은 이미 준비되었습니다. 몇 해 동안 당신은 아직 남아 있는 여정 동안 모자라지 않을 만큼 많은 보석을 그 가방에 넣어두었지요. 아이가 세상에 나온 이후 지금까지 아이 옆에서 시간을 보내면서, 당신은 인생의 진정한 행복은 엄마가 되는 것이고, 그 다음에는 할머니가 되는 것이라는 확신을 갖게 되었습니다. 잘하면 증조할머니도 될지 누가 알겠어요. 그래도 서두르지는 말자고요! 50대에 접어들면 특별히 운이 좋은 사람을 제외하고는 새로운 것을 시도하기보다는 포기하는 것이 더 많아지는 게 사실입니다. 그런데 느닷없이 세상에 나와 당신의 사랑스러운 눈길 아래에서 나날이 자라고 발전해가는 손주로 인해 앞으로의 계획이 즐비하게 생겨나고, 열의가 불타오르고 기쁨이 샘솟습니다.

세상을 살다 보면 힘들고 부당한 일에 맞닥뜨릴 수 있다는 걸 아이가 알게 됐을 때, 사랑하는 할머니의 품에서 무조건적인 애정과 보호와 편안함을 찾을 수 있게 해주세요. 학교, 친구, 애인, 때로는 부모로 인해 아이가 어려움을 느끼고 대립하는 일이 생길 겁니다. 하지만 사려 깊은 수호자인 당신이 아이의 불안감을 잠재워주고 아이 인생의 즐거움을 지켜줄 수 있습니다. 당신과 함께 보낸 달콤하고 태평했던 어린 시절의 기억을 떠올려주면서요.

할머니의 나라로 즐거운 여행 하시기 바랍니다. 그곳에서는 시간이 너무나 빨리 지나가고, 당신은 머리가 하얗게 세고 손이 주름투성이가 되지만, 마음은 사랑과 너그러움으로 가득하답니다.

이제야 말씀드리지만, 이 모든 걸 알게 된 당신이 너무나 부럽습니다. 제 손주는 훌쩍 자라서 벌써 신발 사이즈가 270이 돼버렸거든요. 그렇다고 우리가 서로를 별로 좋아하지 않거나 함께 깔깔대며 웃지 않게 된 건 아니랍니다!

자, 지금부터 당신의 '할머니 일기'를 시작해보세요

초보 할머니 자습서

첫판 1쇄 펴낸날 2016년 5월 3일

지은이 카롤린 코티노
옮긴이 문소영
펴낸이 박남희

펴낸곳 (주)뮤진트리
출판 등록 2007년 11월 28일 제318-2007-000130호
주소 서울시 마포구 토정로 135 (상수동) M빌딩
전화 (02)2676-7117   팩스 (02)2676-5261
전자우편 geist6@hanmail.net

© 뮤진트리, 2016

ISBN 978-89-94015-91-0 13590